你若盛开，清风自来

努力，让自己光芒无限

郑九洲◎编著

中国纺织出版社有限公司

内 容 提 要

世界上任何伟大的事业，都来源于一个伟大的梦想和坚持到底的行动，而坚持到底的行动需要顽强努力的支撑。生活不会亏待每一个努力的人，只有努力再努力，才能成就人生，体会到收获的快乐。

这是一部写给那些为人生之路感到迷茫的人的书，这是一本给人力量、促人奋进的书。书中告诉我们，拼搏才是获得成功的不二法门，唯有努力，才不会辜负生命的意义，才能成就辉煌的人生。

图书在版编目（CIP）数据

你若盛开，清风自来：努力，让自己光芒无限／郑九洲编著.--北京：中国纺织出版社有限公司，2020.9
ISBN 978-7-5180-7408-2

Ⅰ.①你… Ⅱ.①郑… Ⅲ.①成功心理—通俗读物 Ⅳ.①B848.4-49

中国版本图书馆CIP数据核字（2020）第076525号

责任编辑：闫　星　　责任校对：江思飞　　责任印制：储志伟

中国纺织出版社有限公司出版发行
地址：北京市朝阳区百子湾东里A407号楼　邮政编码：100124
销售电话：010-67004422　传真：010-87155801
http：//www.c-textilep.com
中国纺织出版社天猫旗舰店
官方微博http：//weibo.com/2119887771
三河市宏盛印务有限公司印刷　各地新华书店经销
2020年9月第1版第1次印刷
开本：880×1230　1/32　印张：6
字数：116千字　定价：39.80元

前言

的确，对于年轻人来说，每个人都意气奋发，对于自己的未来，都满怀信心，并树立了伟大的理想。然而，随着时间的流逝，失败者、庸庸碌碌者居多，成功者寥寥无几，这是为什么呢？怎么做才能帮助我们敲开成功之门呢？

答案只有一个，就是不断地拼搏，不断地倾注热情。生活不会亏待每一个努力的人，如果你想得到收获，就要为此付出艰辛的努力，只有这样才会得到一把照亮前途的火炬，收获一束“智慧宝库”的光明。

哲学家尼采曾说：“每一个不曾起舞的日子都是对生命的辜负。”这句话就是要告诉年轻人，如果没有努力让生活过得充实一些，就是在浪费时间，所以我们都要珍惜生命，努力过好每一天。

爱因斯坦说：“人的价值蕴藏在人的才能之中。在天才和勤奋两者之间，我毫不迟疑地选择勤奋，她是几乎世界上一切成就的催产婆。”如果你能做到勤奋学习、勤奋做事，你必当会有所收获。

有人问石油大王洛克菲勒“成功的秘诀是什么？”对此，他有两句座右铭，一句是“你要不是赢家你就是在自暴自弃”，一句是“勤奋出贵族”。

的确，在这个世界上只有努力不会辜负你的期望，它能让平凡的人和天才站在同一起跑线上奔跑，甚至超越天才，率先到达成功的终点。

奋斗使一个人更充实、更崇高，它不仅帮助你获取工作、积累财富，还影响你的内在，帮助你开发自己的能力，更好地利用自己的潜能，成为一个真正的胜利者。

生活中的人们，可能现在的你衣食无忧，可能你还有某些特长，可能你会有个灿烂的未来，但你不能就此停滞不前。要知道，事实上，当今社会是一个需要人们不断学习的社会，知识的更新速度越来越快。曾有人说，“知识的半衰期仅为5年”，也就是5年之内掌握的知识就有一半过时。这句话无疑在警示所有的年轻人，要想在当今社会生存并发展下去，我们必须要不断地学习和充实自己，不断地更新自己的知识库，继而成为一个优秀的人，否则，我们只能被时代所淘汰。

或许你会说，我现在还找不到方向，不知道从什么地方开始努力；或许你也会说，我没有信心，害怕失败。为此，你可能需要一名导师来为你指点迷津，激励你前行，而这就是编者编写本书的目的。

本书就是给人力量、促人奋斗的心灵抚慰剂。本书犹如一位智者娓娓道来，帮助你在灯红酒绿的社会中找到自己的位置、唤醒自己的梦想，更是你在为梦想奋斗过程中的精神导师，帮助你排除疑惑，找到人生努力的方向和动力。详细阅读完本书，你会有所感悟，会找到奋斗的方向和热情，最终驾驭自己的人生，实现自己的人生价值！

编著者

2020年5月

目录

第1章

跟着你的心出发，做自己想做的事就是成功

大器晚成的摩西奶奶曾说：“做你想做的事吧，如果你一生都热爱你所做的一件事情，那么你便已经成功了，你的人生有一份自己的答卷。”这句话，是要告诉生活中的年轻人，从现在开始就要找准自己的方向，找到自己的优势，追随自己的内心，只有这样，你才能朝着既定的目标奋斗，才能真正获得自己想要的人生。

合理计划，享受人生相应的乐趣

我们都知道，人生是短暂的，也是宝贵的，我们若希望自己的人生精彩，就要充分利用短暂的人生，走心中向往的那条路。然而，这并不意味着我们应该为了梦想而放弃所有。事实上，人生在不同的阶段，都有不同的任务，做好每个阶段该做的事，本身就是随心之举。

如果你是父母，好好教育你的孩子，珍惜时间，安排他的早年生活；如果你是年轻人，则要尽早作人生计划，在不同的阶段做不同的事情，遵循自然规律，才能事半功倍。

摩西奶奶的大半生时间都生活在农场，她在27岁那年，嫁给了托马斯——一个农夫，并生育了10个孩子。她并不是生来就会作画的，事实上，在她拿画笔之前，她每天的工作都是擦地板、挤牛奶、装蔬菜罐头等，她还需要养育10个孩子，直到76岁因关节炎不得不放弃刺绣，才开始绘画。

后来，她的女儿将她的作品拿到了镇上，并展览了出来。有一天，艺术家、收藏家路易斯经过这个小镇，看到了陈列在杂货铺中摩西奶奶的画作，然后他将这幅画买了下来。他看到了摩西身上的潜能，想将摩西的作品带到纽约的画展，后来，他果真这样做了，摩西奶奶的画便引起了画坛很多人的注意，其中也有那些画商，竞相前来购买的画商又将摩西介绍到艺术界。

事实上，我们也能明白，摩西奶奶的成功绝不是偶然的，没有大半生的农场生活，没有对最底层生活的体验，没有饱览蓝天白云的美丽，没有对大自然色彩的感悟，是绝不能画出那样清新自然、质朴的画作的。

所以，任何一个年轻人，都要从摩西奶奶的人生经历中获得一些启示，要明白，人一生所追逐的并不是只有自己的梦想，还有生活，一个人的一生在不同的阶段，应该完成不同的人生任务，享受相应的人生乐趣。既不要跨越，也不要耽误。具体来说，我们可以总结出几点：

在童年的时候，需要的是启蒙教育，要着重培养乐观的性格和良好的生活习惯，享受童年欢快的时光和温暖的家庭生活，保证儿童的身心健康。

在青少年的时候，记忆力特别好，接受新事物特别快，这个时候是学习的大好时光。培养好的学习习惯，培养健康和广泛的爱好，快速接受各种文化和科学知识，同时在有可能的情况下，多参加各种社会活动，多去旅游，看一看多彩的世界。只要喜欢读书，有条件读书，父母就要支持孩子一直按照自己的兴趣读下去，最好要读完大学，有可能的话继续读硕士、博士。

如果这个阶段你虚度了，那么你以后想补，就会耽误下一个时段的任务，就会影响你那个时段的幸福。

到了20多岁至30岁，年轻人便要走出校门，奔向社会，参加工作，这个时候便要适应工作环境和社会环境，同时开始谈恋爱、结婚和成立家庭。在这个年纪，年轻人对爱情有一种幻想和追求，不太看重物质条件而更重视感情和共同爱好。

到了成年时代，即30岁至40岁，有了家庭，有了孩子，更多的是要承担家庭的责任和父母的责任。珍惜和过好家庭生活，并开始培养孩子，这个时候也是年富力强的时候，也要开始积累个人的财富。有的人也选择在这个时候开始创业，因为30岁前一般来说社会阅历不够，难以成功，40岁之后精力和创业动力开始不足。

到了40至50多岁，则主要是供孩子读书，积累财产，开始为退休生活作准备。

这本来是一条理想人生的路，但由于社会的变化，人的观念也跟着变化，开始产生各种社会问题。比如，有的孩子贪玩，家教不严，整天迷恋电脑游戏，到了参加工作的时候，才认识到自己知识的贫乏，找不到好工作，才开始补课学习。这个时候记忆力已经开始下降，加上工作压力和家庭压力，哪里还能集中精神学习？多是十补九不足，事倍功半。又比如，有的青年由于追求事业，或者喜欢单身自由的生活，到了35岁或40岁才考虑谈恋爱，结婚生孩子。这个时候，已经过了谈恋爱和结婚的年龄，这些人属于大龄青年。他们对生活没有激情，性格也开始变得古怪，挑对象更多的是考虑现实条件，考虑物质生活，甚至是为了完成任务，这种被动式的婚姻往往都不是很美满。

我在这里要说的是，每一个年龄段，人总是要完成人生之中的1—2件重要事情，这是自然规律，是人类经过很多年的进化而自然形成的，不以个人的意志为转移。遵从这个规律，人才能过上健康而快乐的生活，否则生活将会混乱不堪，日子将会过得很累。上帝对每个人都是公平的，给每个人的机会也是均等的，你要按照上帝的旨意，也就是自然规律去工作，去生活。

所以，年轻的朋友们，现阶段的你的主要任务是积累人生经验，为人生的发展打下坚实的基础，为人生的幸福寻找源头活水。

世间路千万条，适合你的只有一条

生活中，我们周围的每一个人都是一个单独的个体，人与人虽然没有优劣之分，却有很大的不同。这世界上的路有千万条，但最难找的就是适合自己走的那条路。每一个人都应根据自己的特长找到属于自己的那条路，根据环境，努力寻找有利条件，不能坐等机会，要自己创造机会，这是个不断尝试和摸索的过程。大器晚成的摩西奶奶就曾告诫年轻人：“去尝试，去选择。”她的成就也是得益于她找到了适合自己的一条路，从而发挥了自己的价值。

很多成就卓著的人士的成功，首先得益于他们充分了解自己的长处，根据自己的特长来进行定位或重新定位。

成功是多元的，并没有贵贱之分，适合自己的、自己擅长的就是最好的，也就是成功的。德国化学家瓦拉赫的成功，说明这样一个道理：人的智能发展都是不均衡的，都有强点和弱点，人一旦找到自己的智能的最佳点，使智能潜力得到充分的发挥，便可取得惊人的成绩。这一现象人们常称为“瓦拉赫效应”。幸运之神是垂青于忠于自己个性长处的人的。松下幸之助曾说，人生成功的诀窍在于经营自己的个性长处，经营长处能使自己的人生增值，否则，必将使自己的人生贬值。他还说，一个卖牛奶卖得非常火爆的人就是成功的人，你没有资格看不起他，除非你能证明你卖得比他更好。

成功学专家安东尼·罗宾曾经在《唤醒心中的巨人》一书中非常诚恳地说过：“每个人都是天才，他们身上都有着与众不同的才能，这一才能就如同一位熟睡的巨人，等待我们去唤醒……上天也是公平的，不会亏待任何一个人，它给我们每个人以无穷的机会去充分发挥所长……这一份才能，只要我们能支取，并加以利用，就能改变自己的人生，只要下决心改变，那么，长久以来的美梦便可以实现。”

尺有所短，寸有所长。一个人也是这样，你这方面弱一些，在其他方面可能就强一些，这本是情理之中的事情，找到自己的优势和承认自己的不足一样，都是一种智慧。

与众不同的思想，让你走出与众不同的人生路

我们都知道，人应该是独立的，独立行走，使人类脱离了动物界而成为万物之灵。每个人都需要有自主意识，才能成为一个独立的生命个体。然而，随着物质生活水平的提高，我们发现，一些年轻人正在走着父母为自己铺的路，这些父母要么把帮助孩子积累财富当成“终生事业”，千方百计地为孩子积累钱财，要么在孩子还年少时就为孩子设置一条人生路。然而他们没有意识到的是，这会让他们的孩子养成依赖性和惰性，缺乏毅力和恒心，缺乏奋斗精神，将来也很难立足于社会。年轻人，一定要记住，你的人生是自己的，千万别让他人的意见和看法来左右你。

人们常说：“没有人能随随便便成功。”这句话用在摩西奶奶身上大概最贴切不过了。用心思考，你会发现，任何一个成功的故事无不来自于一个伟大的想法，摩西奶奶之所以能摘取成功的果实，就是因为她能坚持听取自己内心真正的声音。

而我们又发现，一个人的成功也许并不完全来自他自身的勤奋，而是因为他善于找到一条属于自己的成功路，他拥有与众不同的思想；而失败的人，也并不全是因为他不够努力，而是因为他人云亦云，总是在走别人的老路。

诗人但丁曾说：“走自己的路，让别人去说吧。”这句话的含义是，当你认为自己选择的路正确时，请坚持你的选择，别太看重别人怀疑和反对的态度，坚持自我，你会有更大的突破。

其实，许多事例证明，别人给予你的意见和评价，往往不是正确的。

音乐家贝多芬在拉小提琴时，他宁可拉自己的曲子，也不愿作技巧上的变动，为此，他的老师曾断言他绝不可能在音乐这条道路上有什么成就。

20世纪最伟大的科学家爱因斯坦4岁时才会说话，7岁才会认字。老师给他的评语是“反应迟钝，不合群，满脑袋不切实际的幻想”。

大文豪托尔斯泰读大学时因成绩太差而被劝退。老师认为他“既没读书的头脑，又缺乏学习的兴趣”。

如果以上诸位成功人士不是走自己的路，而是被别人的评论所左右，那他们就不会取得举世瞩目的成就。

生活中渴望成功的年轻人，如果你还怀揣着成功梦，那你就必须要有自己的想法。做个有个性的人，不走寻常路，你才能拥有不同寻常的成功。

我们再来看下面一个故事：

曾经有个叫理查德·何塞的哈佛学生，他的名字经常被教授们引用。

理查德是哈佛毕业的高材生，但令别人感到惊讶的是，他并没有和其他毕业生一样就职于某家大企业或者成为某一行业的技术骨干，而是成为了一个出类拔萃的油漆匠。

理查德的父亲也是一位手艺很好的油漆匠，在他年轻的时候，他成功偷渡到了洛杉矶，但移民生活是辛苦的，而他正是凭借着一手好手艺在洛杉矶站住了脚。后来，因为一个大赦，他拿到了绿卡，他一家人也就成了名正言顺的美国公民。

理查德是个懂事的孩子，在他很小的时候，为了减轻父亲的工作压力，常常会帮父亲干一些油漆活。几年下来，他不但掌握了父亲所有的手艺，还在很多方面都有所创新，这让他的父亲感到很诧异。

理查德在读书方面也表现出了与众不同的天赋，他在学校的成绩一直是前三名，他在社区服务的记录一直是最好的，而且，他获得过全美中学生美术展油画铜奖，这就使得他轻而易举地被哈佛大学录取了。

在哈佛读本科的四年，理查德虽然成绩一直名列前茅，但他似乎一直忘不了油漆工作，他觉得自己只有在摸油漆的过程中，才是快乐的。为此，一到周末，他就赶紧回家，然后摆弄油漆。

很快，四年大学毕业，他坚持不继续深造，而是在洛杉矶找了一份不错的工作。

理查德在工作中也一直很努力，为此，老板嘉奖了他很多次，但他就是忘不了油漆。一次，当老板问及他对公司有什么建设性意见时，理查德不加思索地说：“公司经常要把一些零部件拿到外面去油漆，这样，浪费了成本不说，每次油漆的质量也不怎么样，如果公司能成立这样一个专门的油漆部门，那么，这个问题便能很好地解决。”

老板笑着说：“这简直太难了吧，买设备倒是小事，但我们去哪里招那些优秀的油漆工呢？”

理查德说：“用不着招了，你面前就有一个。”

于是，接下来，理查德道明了自己的想法，以及自己过去的经历，他还说，自己想招收一些年轻人，由自己亲手培训。这个想法打动了老板，于是，老板当即决定，成立油漆部，由理查德任经理兼技师。

回家后，理查德兴冲冲地告诉父亲自己提升了。听完儿子的话，老父亲半天没说出话来，他当然反对儿子这么做，但他也知道，自己是阻止不了儿子的。事实证明，理查德是对的，经过几年的经营，这个油漆部的工作非常出色，白宫有些用品都指定在这里加工。

因此，年轻人，在成长的路上，你不必过于在意别人的看法。那么，如果你所希望走的路与父母的想法相背离时，你是坚持自己的想法还是听从父母的意见呢？如果你与朋友的想法相左时，你又该怎么办呢？其实，此时，如果你认为自己的观点是正确的，那么，你就要坚持。未来社会，相信自己正确，那么，你就敢走自己的路，就能不怕失误、不怕失败，就能成为一个创新型人才。

第2章

事在人为，全力拼搏是实现成功的不二法门

我们生活中的每个人，都羡慕那些实现梦想的人，而我们大多数人都与梦想渐行渐远。为什么呢？ 因为我们都认为梦想终归是梦想，只把它当成了遥不可及、无法实现的目标，而始终没有为梦想作出改变，并且，我们能找出很多理由为自己开脱，比如，“我向来如此”或“我不是那块料”或“我没有资金”……其实这都是缺乏意志力的人为自己找到的冠冕堂皇的借口。别忘了那句最常听说却最容易忽略的话：事在人为。因此，当你陷入困境、感到困难时，你不妨问问自己，我做到全力以赴了吗？努力到无能为力，拼搏到感动自己，这才是进步、成长乃至成功的不二法门。

在有限的生命中始终做最有意义的事

岁月匆匆而过，无论我们是否愿意，时间的长河总是一路向前。对于每个人来说，时间都是公平的。它不会为任何人停留，也不会以任何人的意志为转移。常言道，时间不等人，的确如此，时间从来不会等任何人。时间有自己的脚步，总是坚定不移地朝前走去。记得大文豪鲁迅先生曾经说，生命是以时间为单位的，浪费别人的时间等于谋财害命；浪费自己的时间，等于慢性自杀。由此可见，时间对于任何人而言都是非常宝贵的，都值得珍惜，不能白白浪费。

人们常说，生活如同逆水行舟，不进则退。实际上，在时间中成长，也如同逆水行舟。假如我们的成长跟不上时间的脚步，那么我们也必然会落后。记得在中国四大名著之一《西游记》之中，那些小妖怪总是能够抓住唐僧，而大王却总是犹犹豫豫没有及时吃唐僧肉，导致孙悟空总是能够顺利救走唐僧。最终，这些妖魔鬼怪非但没有吃到唐僧肉一饱口福，反而被孙悟空打死。当然，这只是神话传说，但是其中也蕴含着珍惜时间的道理。现实生活中，因为没有珍惜时间导致事与愿违的事例比比皆是，无不使人心生遗憾。

大学毕业后，小雅先是在老家从事教师的工作，后来因为觉得工作没有挑战性，人生没有希望，最终下定决心辞职，孤身一人来到上海闯荡。毫无疑问，像小雅这样普通师范学校毕业的学生，在上海很难找工作，因为有太多的人学历比她高，经验比她丰富，而且阅历比她更多。直到一个多月后，小雅才找到一份销售二手房的工作。不过，她的内心很忐忑，因为她从来没有做过销售，根本不知道自己能否胜任这份工作。

进入公司后，小雅先是拜师学艺，跟随一位经验丰富的销售人员学习。在掌握最基本的知识之后，她正式开始工作。小雅始终牢记笨鸟先飞的道理，公司规定每天八点半上班，她八点之前就到公司，打开电脑开始查找房源，寻找在网络上求购的客户。晚上，公司规定六点下班，小雅想到自己回家之后也没有什么事情可做，就在公司待到七点多，多做一些琐碎的工作。就这样，出师不到一个月，小雅就顺利卖出去一套二手房，这简直是神速。很多经验丰富的销售员都问小雅是否从事过销售，小雅当然如实回答，说自己只在老家当过老师，但是那些同事都不相信，非说小雅一定从事过销售工作，因为小雅的工作效率实在很高，而且卓有成效。

实际上，小雅并没有从事过销售工作。她之所以能够成功推销出去房子，就是因为她一直早出晚归，把更多的时间用于工作。所谓笨鸟先飞，一则是要勤奋，二则是要抢占先机，这才能最大限度挖掘和发挥自身的潜力，从而让自己获得成就。

现实生活中，很多朋友都有拖延的毛病。殊不知，拖延不但会使我们失去千载难逢的好机会，也会耽误工作和学习。朋友们，既然有了梦想，我们就必须风雨兼程，朝着梦想和目标不断努力。我们要相信自己，一旦我们真正迈出了第一步，我们就能与时间保持同步的速度，不断地奋勇前进。

当然，很多朋友都知道不应该浪费时间，浪费生命。实际上，珍惜时间并非一定要争分夺秒，而是要把我们有限的时间都用于做最有意义的事情上。人生路上，每个人从呱呱坠地开始，就已经在与时间赛跑。与其说时间跑得太快了，不如说我们跑得太慢了。当我们看看周围的人和事情，再反思一下自己是否真的认真努力，我们就知道自己是否跑过了时间。很多朋友都知道龟兔赛跑的故事，这个故事对于我们的人生也有很深刻的教育意义。在人生之中，我们唯有保持恒心，坚持不懈地努力，最终才能赢得时间，才能把人生过得风生水起。

三思而行，人生能避免很多失败

巨人集团创始人史玉柱说过一句话：“宁可错过一百个机会，也不要犯一个错误。”这句话的意思是，不做没把握的事，做没把握的事就是在下一个成功概率很小的赌注。要知道，成功只青睐那些有准备的人。有句古语，凡事预则立，不预则废。这句话的意思是，不管做什么事情，事先作好充分的准备才有可能成功，而不预先准备的话，就容易失败。二十几岁的年轻人，正面临竞争日益激烈的社会，都要接受社会和时间的检验，没有真才实学者注定要被社会淘汰。年轻人要谨记古训，踏踏实实地走好人生的每一个脚步，积极备战，为人生积聚能量，才能有大鹏展翅、一飞冲天之时，才能在机遇来临之时沉着应付，面对自如。

当今社会上，年轻人中出现了一些浮躁风气。一些年轻人有着“非凡的口才”，很会夸夸其谈，可是真到表现真才实学时候，又目瞪口呆了。这就是基础不牢的缘故。年轻人要学习古人谦虚谨慎、潜心学习的作风，这样，任何事情自然能了然于胸，不要在跳入泳池后，才发现没学过游泳。胸有成竹的由来就是一个很好的例子。

所以，年轻人要养成做事先充分准备的习惯，准备充分了才能轻装上阵，做有把握的事，才有胜出的机会，遇事才能应对自如。这其中也包括智力上的准备，深思者往往会少犯一些细节上的错误，而很多细节就决定了整件事的成败。“万事俱备，只欠东风”的故事就说明了这一点。

二十几岁正是习惯养成的时期，也是做事冲动、不考虑后果的年纪，遇到什么事情不经大脑的思考就行动，等到失败之后才发现，没有作充分的准备。年轻人不要总是在失败了之后才后悔，而应该养成凡事准备好、三思而后行的习惯，这样人生才会避免很多重复的失败。

你最不能放任不管的，就是时间

当我们呱呱坠地后，一转眼我们就能扶栏而立；当我们踏进校园，一转眼我们就已经身心成熟，面临着就业、成家立业；当我们还在为昨天伤感时，今天也已经悄悄地溜走了。俗话说得好，光阴似箭，它带走了昨天，以迅雷不及掩耳之势，我们来不及感叹，来不及伤感。我们唯一能做的就是，抓住眼前的每一分每一秒，充分利用好时间，才不会让人生遗憾。

二十几岁正值壮年，犹如新生的太阳，但年轻人千万不要认为自己有大把的青春、大把的时间可以挥霍，达尔文说：“敢于浪费哪怕一个钟头时间的人，说明他还不懂得珍惜生命的全部价值。”时间就像一条河，你不要坐在它的岸边，看它流逝，而应该抓住光阴之箭，养成珍惜时间的习惯，充分利用时间，才不至于在年老时，留下无法挽回的遗憾。

文学家鲁迅说：“时间，就像海绵里的水，只要你挤，总会有的。”他还说，自己只不过是拿别人喝咖啡的时间来写作。正是这种珍惜时间的习惯，让他完成了众多文学巨作，被称为中国人的脊梁。苏格拉底说：“当许多人在一条路上徘徊不前时，他们不得不让开一条大路，让那珍惜时间的人赶到他们的前面去。”正是他的这种珍惜时间的习惯，让他成为人类智慧的先驱。珍惜时间、把握现在的人才能拥有充实的人生。

生命的价值就在于求知和奋斗，而不是挥霍，时间的挥霍是一种看不见的慢性的自掘坟墓。所以，年轻人要学会珍惜，珍惜青春，珍惜一切美好的事物，生命的步伐在欢快地舞蹈，舞过鲜艳的百花，舞过荡漾的荷塘，舞过飘落的枫叶，舞过纯洁的飞雪，舞向美丽的天堂。

一寸光阴一寸金，其实，即使金子也无法买来时间，时间的浪费是无法修复的，就如同爱迪生说的，最大的浪费莫过于浪费时间。

逝者如斯夫，不舍昼夜。感叹时光流逝，不如学会珍惜，生命因充实而大放光彩！

第3章

先进行思考，努力也要找准方向

我们生活中的每一个人，都希望能实现梦想、获得成功。然而，设立目标是实现最终成功的必由之路，否则，一切都是空谈，都是泡影。只有在清晰的目标的指引下，我们才能一步步朝着梦想迈进。所以，从现在开始，你就要早作打算，就要尽早为自己制订目标和方向，就要思考，现在的方向对不对？有没有什么可以改进的地方？我还欠缺哪些能力？未来十年，我该怎样度过……总的来说，培养自己的热忱，找到自己的目标，我们就能为现在的自己作一个准确的定位。

走上社会，你还缺少哪些能力

二十几岁的我们已经过了风华正茂、意气风发的少年时代。二十几岁的我们即将告别自己喜欢和熟悉的校园，走上社会。社会到底是怎样的？它与校园和家庭有什么不同？我们即将有怎样的遭遇，会遇到怎样的朋友和对手、怎样的上司和同事？我们要怎样处理事情，才恰当合理，不被人小瞧？闯荡社会，我们还缺少哪些能力？ 作为二十岁出头的年轻人，我们必须对生存的这个社会和自己有一定的了解，才能够明白我们需要在哪些方面弥补自己的缺陷。

二十几岁不再是做梦的年纪，而是明确方向的年龄。孔子说“修身，齐家，治国，平天下”，他把修身放在了第一位，也就是说我们必须首先使自己更加有实力，更加适应社会，才能做到使社会受益。思考让人更有深度，更有魅力，更成熟。我们固然要有远大的理想，但更重要的是思考怎样解决我们身边的事，怎样解决我们将要面对的问题。智商，情商，缺一不可，那么，学校教给了我们哪些能力，又有哪些是我们需要在社会实践中，慢慢去摸索领悟的呢？走上社会，我们还缺少哪些能力呢？

首先是规划的能力。

它属于智商的一种，但不是所有人都能够从学校教育中学到它。我们在学校的课程，都是老师们帮我们规划好的。二十几岁以后，我们需要为自己的人生作出合理的规划。比如，是考研还是到社会上先磨炼一段时间？是在这个职位上继续努力，还是跳槽？这样那样的决定都有哪些好处，哪些缺点？怎样的选择才能够为我们的未来带来好处？

两个高中时代的好朋友，他们在同一年考取了同一所大学，但他们的命运却大相径庭。王学的是物理机械专业，本科毕业以后，觉得工作不好找，于是决定考研。考上研究生以后，他没有待在机械领域，反而去了一家公司担任管理工作。虽然他对业内的业务很熟练，但因为缺少管理经验，几年下来，他还是没有升职，薪水也仅仅维持在4000元左右。他谈女朋友要有一定的支出，在北京租一套房子也花费不菲，一个月下来，基本上没有结余，到现在还没有办法买房结婚。三十多岁还在为基本的物质生活奔波，他觉得自己是一个生活的失败者，其实他最大的败笔，就是没有规划好自己的职业生涯。而他的朋友张，大学毕业以后，立刻找到一个职业规划师帮他规划自己的人生，他学的是酒店管理，酒店管理不需要很高的文凭，规划师建议他先找一家大酒店实习，一边实践自己学到的知识，一边攒一点钱，四年后到瑞士去学习酒店管理，学成后再利用自己学到的先进经验管理酒店。他听了规划师的话，到国外镀金回来，待遇的确不一样，国内的很多大酒店都纷纷开出了优厚的待遇请他去管理，他的日子过得轻松而闲适。

虽然他们都不能说有多大的成就，但在20岁以前他们还站在同样的起点上。30岁的时候，一个人还在为温饱操劳，一个人则开始逐渐地实现自己的理想了。这不得不说是一个巨大的差距。这个差距，恰恰是对于职业的规划带来的。所以说，如果不能仔细地规划好我们的职业，那我们的人生就会出现偏差。

其次，说话、办事、做人的能力。

它属于情商的一种，但不是所有人都具备。要想处理好各种人际关系，就要明白社会和校园、家庭都是不一样的。在家庭中，父母通常以儿女为中心；到了社会上，大家都会以各自的利益为中心，难免有利益相撞的时候，遇到这样的事我们应该怎样处理？社会更注重和别人合作、竞争的能力，而在校园我们通常各自完成作业，即使有合作，也是不涉及利益关系的，因此友谊格外单纯。但走上社会，我们需要更广泛、更深入的合作，如果我们和别人的合作竞争关系搞不好，为人处世失去了必要的分寸，把握不好相处的尺度，就极容易陷入人际纷扰。

所谓的会说话，就是考虑好自己的立场，自己的地位，听话的人，说话的场合，说话的技巧，然后再说话。可谓天时地利人和，缺一不可。“饭可以乱吃，话不能乱讲”，我们这些在学校里直肠直肚、有话就要说的人，一定要在开口前三思，才能让别人格外敬重，才能给自己少树敌。所谓会办事，就是要分清事情的轻重缓急，办事前掂量好自己的身份、立场；办事时把握好火候、尺度；同时，弄清并遵守一些办事过程中所涉及的社会潜规则。如此，我们办事的技巧就会日臻成熟。所谓会做人，就是能够坚守自己做人的原则，把自己修炼成一个能屈能伸、大智若愚、内方外圆的人，如果达到了这样一种境界，不但可以保自己，更能在复杂的社会环境中修身养性，成为一个受人尊敬的人。

闯荡社会，离不开说话、办事，社会总是垂青善于说话、巧于办事的人。巧说话，会来事，会做人，才能在社会上立足，无往而不胜。

最后，我们需要学会理财。

学校不会教我们有关财务的知识，当然，财务专业毕业的除外。但并非只有专业人士才要学会理财，今天我们也有必要学会它，否则我们就会在社会越来越进步时变得越来越穷。在这个经济影响一切的时代，掌握理财的能力，就掌握了一半的命运。现在，越来越多的年轻人已经意识到了这一点，如果你还在“一心只读圣贤书”，希望你打开窗子，看看外面的世界吧。

作为一个即将步入社会的年轻人，我们想得越多，越深入，就能让自己的能力越强，在社会上做事就会如鱼得水。那么，闯荡社会，你还缺少哪些能力？赶快把它补起来吧。

如何度过以后的十年，取决于你想要什么样的人生

20～30岁这十年，对每一个人来说，无疑都是最关键的。这十年将决定我们人生事业的雏形，为后半生是否幸福奠定一个基础。二十几岁的选择和努力将决定你三十几岁是贫穷，是中产，还是富有。如果我们想三十几岁不再为衣食奔波，有一个温暖的小家；四十几岁成为一个成功的人；五十岁可以退休，并仍然受人尊敬，就要在这十年里学会拼搏。

因此，怎样度过我们的黄金十年，变成了一件非常重要的事。如何度过，取决于我们希望有怎样的人生，是轰轰烈烈还是平平淡淡？是浑浑噩噩还是明明白白？是命运多舛还是顺顺利利？每个人都有自己希望过的人生，强求不来。如果人人都是比尔·盖茨，那我们去赚谁的钱？如果人人都是马拉多纳，还有谁去看球赛？

有句话叫："强求不可得，何必用强求。随缘且随分，自然不可谋。"有一个女孩，她和男友约定要努力度过两人的一生。于是，她不断拉着男友去求学，专科毕业的他们花了很大的精力拿到了本科学位，然后去考硕士。硕士学位到手后，男友以为可以歇一歇了，没料到女友却又拉着他去考博士。男友终于忍无可忍了，于是他对兴高采烈的女友说："我有一个朋友，父母经商，家财不计其数。他本人是博士后，而且年青有为，现在自己

开着几家公司，要不要我给你介绍一下？”女孩子呜呜地哭了，不久，女孩子终于想清楚她要的不过是简单的幸福，从此，他们开始快乐地生活在一起。

无论这个故事是真是假，它讲的是要我们领悟生活的真谛。如果成功之于你是快乐的，你不妨努力地去追求。如果轻松和谐、平平淡淡才是你想要的，那么不必强求成功。无论你选择怎样的人生，顺顺利利、轻轻松松想必都是我们所希望的。

我们要走上荆棘丛生的社会了，我们希望自己成熟，睿智，有魅力，受人欢迎；希望自己的职场生涯顺利，爱情甜蜜，有一定的轻松娱乐时间，这些都无可厚非，但是怎样才能拥有这些呢？这不是一个简单的要求，我们必须在以后的十年中逐渐创造出这三个条件才可能做到。

第一，良好的身体素质和精神条件。

一个人如果病恹恹的，那么无论他有怎样的理想抱负，都很难实现。健康的体魄，是成功的基础。我们切不可为了一时的利益，做出大量抽烟、酗酒等毁坏身体健康的事。更不可纵容身体的欲望，无度地透支健康。“身体是革命的本钱”，没有健壮的体魄，一切都是空想。

清楚地认识自己的精神状况，过有追求、有活力、有情趣的生活。我们站在人生的门槛上，年轻，充满活力，有梦想，清醒地意识到自己的力量，有主人翁意识，还有什么能比这样的状态更重要？良好的身体素质固然重要，更重要的是精神健康积极，充满活力，拥有坚强的意志力和充沛的体力。人并不是必须具有强壮的外表，但应该具有旺盛的生命力和坚强的毅力。拥有了这些，我们才能够更好地享受生活。

现在，有一些年轻人，总是生活在消极厌世的情绪之中，这对我们的未来没有任何好处，负面情绪会带人走向毁灭。积极地追求生活中的真，善，美，有信仰，有追求，才不枉上天赐给我们的青春。

第二，良好的社会关系。

人是社会动物，无时无刻不处在与他人的关系之中。如果我们想要顺利度过自己的职场生涯，或者取得成功，就必须处理好人际关系。现代社会是高度组织化的社会，许多人通过联合与协作才能完成个人没法完成的事情。如果，我们不能拥有良好的人际关系，个人的资源和精力有限，我们就会变得狭隘。而完成伟大的事业需要许多资源的整合，没有好的社会关系，就不能更好地整合资源，当然，也就不能成就大业。在当代社会中，如何更好地与他人合作，拓展我们的人脉，拥有良好的社会关系和社会地位，是我们不得不修炼的一个课题。

第三，良好的物质条件。

主要指经济条件。在追求精神寄托的同时，同样不能忽视对于物质上的依赖。没有物质生活为后盾，再多的精神层面的东西都将成为泡影。没有面包，爱情也是不牢固的，何况是事业。

我们在打拼自己的事业、在获取报酬的同时，别忘了丰富精神生活；在精神物质双丰收的状况下，别忘了拓展人脉，建立良好的人际关系，当然这些都是建立在健康的身体之上的。所以，二十几岁，我们要重视健康、薪水、情趣、社会关系，在这几方面都要着重修炼。二十几岁不怕吃苦，最怕不知道想要什么，最怕迷茫，不知怎样度过。

重大决定自己做，对自己的人生负责

一个人成熟与否的界定就在于自己是否能够对自己的人生负责。要支持这个观念很简单，法律规定，18岁以后属于成年人，如果犯了罪，就要对自己的行为负全责，而在18岁以前，你的犯罪行为是由监护人和社会负一部分责任的。所以，能否对自己的人生负责，是衡量一个人是否成熟的标准。

对自己的人生负责，其中一个重要的表现就是靠自己来决定重要的事情。如果我们希望把自己的梦想、观念变成现实，就要学会靠自己决定重要的事。由于眼界、恐惧等因素，我们往往不敢自己下决定，觉得自己还很幼稚，自己的决定也许会对未来造成很坏的影响。而父母更是把我们当小孩子一样对待，凡事小心翼翼，事事为我们准备好，决定好。从小到大，我们鲜有自己下决定的时候。功课的进度不是由我们决定，上不上学不是由我们决定，甚至兴趣爱好也是由家长代为挑选的。但是我们已经长大了，要有自己的想法，自己的事情自己决定，自己的人生自己负责，才可能有大的成就。

每一个成功的人在走向成功的过程中都会遇到各种各样反对的声音，因为你突然要从大众的80%里跳出来，进入到20%的队伍里，变化让人不安，尤其是你周围的人，他们会出于各种原因而对你提出质疑。关键时刻我们要做到坚持自我，自己的人生自己决定。

那么，我们可以在哪些方面靠自己决定重要的事呢？

第一，对于自己要过一个什么样的人生的决定。

想要什么样的人生，是自己决定的。希望功成名就还是默默无闻？希望轰轰烈烈还是平淡无华？希望出世还是入世？每个人都有不同的想法，不同的决定。比尔·盖茨在哈佛求学的期间就决定退学搞计算机事业，他的父母、朋友未必同意他的决定。但是，他决定了的事情，就不再更改。于是，我们有了一位没有哈佛学位的世界首富。在哈佛校庆时，曾有人建议邀请比尔·盖茨参加，但是被哈佛大学否决了。我想他并不后悔，因为是他自己选择了退学，选择了创业。北京大学还有一位杀猪的毕业生，他对于众人的议论纷纷回答道："北大能够出俞敏洪那样的名人，也能够出杀猪的。这是我们不同的选择，因为我们追求的人生目标是不一样的。这就是北大。"自己决定过怎样的生活，是一种勇气，也是一种智慧。李白说："仰天大笑出门去，我辈岂是蓬蒿人。"那是一种入世的豪迈。陶渊明说："采菊东篱下，悠然见南山。"那是一种出世的淡然。我们能过怎样的人生，是我们自己决定的，也要自己承担责任。入世的李白有“人生在世不称意，明朝散发弄扁舟”的苦恼，出世的陶渊明也有“草盛豆苗稀”的感慨。但他们都为自己的生活承担了相当的责任，为后世留下了不朽的作品，所以他们同样是成功的。

第二，对于职业、事业或者学业的选择。

是继续求学还是步入社会？是打工还是创业？是进入事业单位过一种悠闲的生活，还是进入企业打拼？每一个重大的决定几乎都需要我们自己下。那么我们决定重大事情的标准又是什么呢？是我们的人生目标。哪条道路是对我们目标有利的，可以更快达成我们的理想，我们就应该选择它。

第三，对于自己爱情、婚姻、家庭的决定。

很多年轻人在选择自己人生的另一半的时候，不知道要用什么样的标准来衡量。有的人甚至以是否对自己的事业有帮助、是否能够为自己带来安逸的生活为标准。在这方面，林徽因女士用自己的智慧作出了最好的选择。林徽因是我国近代最美丽的女士之一，曾有诗人徐志摩、建筑师梁思成同时爱慕她。而她选择的标准是自己想过一种什么样的生活。她想要的不仅是诗人浪漫的爱情，她要的是能够与自己有共同的语言、共同的事业爱好，平等，能给自己的事业带来发展的婚姻。因此，她嫁给了梁思成，梁思成也真的给她的事业带来了发展，他们共同设计了人民大会堂。诗人舒婷也为我们描绘了自己渴望的爱情，她渴望的不是藤蔓的缠绕，而是树木的共同依靠。婚姻是一生的事情，在某种程度上，它比自己的事业更为重要。一段不愉快的婚姻，不但造成自己在生活上的困扰，更可能给自己的事业带来巨大的负面影响。如果一个事业繁忙的男人娶了一个希望时时刻刻待在老公身边的妻子或者不信任自己的妻子，那种烦恼挥之不去，斩之不舍，对自己的事业会造成很大的困扰。同样，一个事业上的女强人，嫁给了一位希望妻子小鸟依人，专心照顾家庭的自私、自利、不体贴的男人，也会消耗自己对于事业的热情。

也许此时的我们还不够成熟，还不具备决定大事的能力，那么，我们就要从小事开始作决定，直到我们的决定越来越正确，越来越趋于我们理想的状态，这时我们就可以作重要的决定了。

放弃错误的执着是一种进步

有人说，人要永不止步地努力，要执着于自己的选择才会进步，才是有定力、干大事的表现。的确，做事不能半途而废，可是错误的执着就成了固执，其实，放弃错误的执着也是一种进步。

心态决定人的一生，有些人辛辛苦苦奔波了一辈子，没有任何收益，自己也很痛苦，而有些人轻轻松松就获得了自己想要的幸福，这二者之间就是一个选择对错的问题。所以说，年轻人在觉得自己的追求给自己造成痛苦的时候，不妨回头看看你自己的选择是否正确。亡羊补牢为时不晚，适时地放弃，还有重新选择的机会。

有一句话叫作“好马不吃回头草”，这是一种错误的想法，若再好的马，饿得连命都快丢了的时候，也不会吃“身后的草”么？很多年轻人在追求人生目标的时候，固执地认为自己的抉择就是正确的，一个猛子扎下去，当自己发现自己已经很累、很痛苦的时候，为了面子，也不愿意放弃，结果，耽误了自己的青春，毫无所获。

有句俗语说得好，“苦海无涯，回头是岸”。这是一种会变通的做人的道理，苦苦地执着换来的并不一定是成功，而只有适时地放弃，才有重新选择的可能。放弃在这里并不意味着终结，而是一段新的旅程的开始。

“行成于思毁于随”，会思考的年轻人才会理智地在人生的路上走好每一步，不至于麻木向前。经常反省的年轻人才知道自己是否赶着错误的马车，通向错误的方向，会回头也是一种成熟的睿智。

生活中的年轻人，你们有没有对自己正在做的事反思呢？当你痛苦的时候，你不妨想想，你是否抉择错了，或许你真的不适合。不要害怕别人嘲笑你的放弃。你应该停下来，也就是停止所犯的错误，只有这样，你才能完善自我，做最好的自己。

年轻人的资本就是年轻，你还有重新选择的机会，错了就从头开始，找准了方向，你的人生之路才会走得更平坦！

尝试改变，盲目执着会阻碍成长

古人说，“路漫漫其修远兮，吾将上下而求索”。人的一生就是一条不断求索的征程，这条路上有平坦的大道，也有崎岖的小路；有春光明媚万紫千红，也有寒风凛凛万木枯萎。这一路的艰辛要靠执着和勇气，它激励着我们不断向前冲，但往往很多时候，在求索的道路上有更为便捷的成功之道，这就需要变通。二十几岁的年轻人固然应该做事勇往直前，这是一种好习惯，但盲目的执着则会阻碍成长，善于变通往往会省下更多的时间和力气。

习惯是一种潜意识的大脑活动，是对某种行为的不自觉的认同。当年轻人对某种事情的追逐成为一种习惯时，就不愿意尝试着去改变，然而，很多时候，这样会让年轻人忽略身边的很多美景，而这种执着也并不一定能通往成功。譬如爬山，人们往往会习惯于前人踩踏过的路，可是这条路是漫长甚至是遥不可及的，而只要人们稍微转一下弯就能另辟蹊径，同样能到达山顶，不仅收获了一路的风景，还节省了更多的时间和精力。变通是一种智慧，变通往往就在一念间，尝试一念间的改变，或许就有意想不到的丰收。

他30岁那年，用自己的辛苦钱从一个林场主那里买下了大片的林场。他每天驾车穿梭于林场中，万分欣喜地看着这片能给他带来大笔财富的森林。然而，造化弄人，一场无情的大火把一棵棵百年树木变成了焦木，他失魂落魄地走在街上，正在考虑如何弄到资金重新种植出新的树木时，突然发现许多人排队购买木炭取暖。他灵机一动，改变了植树的想法，回家把焦木加工成木炭销售，结果获得了大笔财产，实现了自己的财富梦。

这个林场主是聪明的，当他苦心经营的林场成为焦木时，他没有盲目地执着种树，而是转而将焦木加工成焦炭，焦炭也同样让他获得了财富。不同的路，结果却是一样的，这就是变通的思维，这种思维就是一种对规则的打破和对新事物的尝试。

年轻人不要让固定的习惯束缚了手脚，勇往直前固然是好习惯，但偏执地追求就成了迂腐，变通并不是投机取巧，而是一种智慧，是聪明人的成功法则，适时地转弯是明智的抉择。变通能带来成功，转机能给人以新生，“变则通，通则久。”没有一件事是固定不变的，变通就是用发展的眼光看问题，这样才能抓住改变命运的契机。

所以，年轻人在追求成功和幸福的时候，不要死脑筋，不要被习惯束缚。年轻人本应该有活跃的思维，对事情执着、勇往直前是一种好习惯，但很多时候，唯有变通才会使成功之路快捷、轻松！

第4章

用信心点亮人生，做自己永远打不倒的英雄

我们都知道，自信是事业成功的基石，是打败困难和逆境的保证，一个人如果不相信自己的能力，那他就永远不会是事业上的成功者。然而，任何一个人，要想获得自信，就必须认识到一点，那就是真正的自信来自我们的内心世界。要知道，只有内心强大的人才能步履轻盈、从容前行。

笑着流泪，敢于对命运说“不”

哭和笑是人的情绪的外在表现，很明显，这也是两种截然不同的心态，前者是消极的，后者是积极的。而哭和流泪又是两个不同的概念，它们有着丰富的含义，哭着流泪是怯懦的宣泄，笑着流泪是勇敢的宣言。真正的勇士会流泪，但不会哭着流泪。有句古话：“男儿有泪不轻弹。”其实，这句话太过偏激，勇敢的人也会流泪，这是一种宣言，一种战胜命运的宣言。

作为当代的年轻人，你要做一个斗士，即使生活和命运和你开了玩笑，也要有乐观积极的心态，不妨笑着流泪，告诉命运：“我会战胜你！”这是一种力量，它给予了年轻人重新奋斗的能源。而同样是流泪，哭着流泪则是怯懦的宣泄，是失败者的绝望和呻吟。生活多磨，唯有笑着流泪，才是一种积极的生命状态，是战士的呼吼。只有真正经历了磨难也因而真正懂得了生活的人，才会笑着流泪！泪水浸泡的笑里，有对于失败痛苦刻骨铭心的感受，有对于人生命运的彻悟！流泪和笑是一种成熟的标志！

从前，在苏格兰，有个很静谧的庄园，庄园主有两个女儿，她们都十分美丽，大女儿叫安，小女儿叫苏。她们有着不同的梦想，安的梦想是成为一个钢琴家，而苏的梦想是做一个画家。父亲为两个女儿都有远大的理想而高兴，他为两个女儿请了有名的家庭教师。

有一天，天气晴朗，庄园主带着仆人出门查看生产情况，把两个女儿留在家，庄园主当晚就住在了老管家家里，他认为女儿都已经长大了，可以独自在家。

傍晚的时候，突然雷鸣大作，安和苏都很害怕，暴雨不一会儿就下起来了。这时候，苏提议要把窗户关上，不然家里会淋雨，可是安拒绝了。雷电交加，安吓得哭了，苏也很害怕，可是她还是一个人冒雨关了所有的窗户，把屋外所有的东西收进了家里。当她做完这些的时候，她流泪了，她对姐姐说："我做到了，我真的做到了。"说完，她又笑了。

安因为惊吓过度，精神上受到了创伤，她活在那个夜晚恐怖的雷声中，再也弹不出动听的曲子来。而苏从那件事中学会了勇敢，学会了笑着流泪，每当她在艺术的路上遇到挫折的时候，她就会想起那晚自己勇敢的表现，最后，她成了苏格兰有名的画家。

同样的环境，却造就两个不同的女孩，一个胆小懦弱，一个勇敢面对，结果当然截然不同，安碌碌无为，而苏则达成了自己的愿望和实现了自己的理想。哭泣只是懦弱的表现，流出的是屈服的泪水，而微笑是勇敢的宣言，流出的是挑战的泪水。只有勇敢面对，才能战胜逆境，战胜困难，战胜自己内心懦弱的影子，从而迈向成功。

一个年轻人是否能经受得住生活和命运的考验，决定于他是否勇敢，是否大胆地笑着流泪，是否敢于对命运说“不”。

斯蒂芬·威廉·霍金，他被称为科学界的巨人，虽然饱受了疾病的折磨，可是他从没有向命运低头。他1942年1月8日出生，先后毕业于牛津大学和剑桥大学三一学院，并获剑桥大学哲学博士学位。

在他上大学的时候，他开始患“肌肉萎缩性脊髓侧索硬化症”，慢慢地，他开始半身不遂，但他并没有忘记自己的人生理想。他满怀信心地克服了身体上的各种难题，继续自己的科学事业。1965年，他进入剑桥大学冈维尔和凯厄斯学院任研究员。就在那里，他创立了宇宙之始是“无限密度的一点”的著名理论。随后，他一次次地攀登科学的高峰，实现了自己的梦想，可是他没有停止前进：1969年起任冈维尔和凯厄斯学院科学杰出成就研究员；1972～1975年先后在剑桥大学天文研究所、应用数学和理论物理学部进行研究工作；1975～1977年任重力物理学高级讲师；1977～1979年任教授；1979年起任卢卡斯讲座数学教授。其间，1974年当选为皇家学会最年轻的会员，1974～1975年成为美国加利福尼亚理工学院费尔柴尔德讲座功勋学者，终于，在1978年获世界理论物理研究的最高奖——爱因斯坦奖。

他是个科学界的巨人，身体上的缺陷并没有让他放弃对科学的追求，他是个勇士，他在轮椅上实现了自己的一个个科学目标，百折千回的命运也并没有让他哭泣。哭泣是弱者的专利，笑着流泪才是勇士向命运挑战的宣言。

笑是人类最美丽的表情，面带泪水的笑更是一种摆脱怯弱和悲观后的欢快，心态决定人生，好心态是勇者旅途的开始。所以，作为当代为目标而奋斗的年轻人，不管生活中遇到什么，我们都不要哭泣，不要让自己怯弱，没什么能打倒一个永不言败的勇士，笑着流泪，然后擦干泪水，继续上路，扬起精彩人生的风帆吧！

不断进取，昨天的成就永远只是过去

人的成长就如同缓缓地飞上天的风筝，只有把地平线忘掉，才能飞得高。人在成长的过程中也一样，只有放下昨天的荣耀，才能看得清前面的路，成功已经成为过去。俗话说，满招损，谦受益。骄傲自满的人更容易迷失自我，而谦虚则会使人始终看见自己的不足，这样，就能不断地进取。

所以，当代社会的年轻人要不骄不躁，不要为眼前的一点点成就乱了方寸，沾沾自喜往往是失败的开始。史上无数成功和失败的例子告诉我们谦虚的益处和骄傲的弊端。大凡那些躺在自己成功的温床上享受成功带来的愉悦的人，终究会成为失败的殉葬品；而那些不忘继续奋斗的人则能稳稳当当地走好成功人生的每一步。即使是天才，也会因为不进取而江郎才尽。王安石的《伤仲永》就是个很好的例子。

从前，在一个叫金溪的地方，有个叫方仲永的孩子。他们家世代以种田为业。仲永长到五岁时，不曾见过书写工具，有一天却忽然哭着要这些东西。父亲对此感到惊异，从邻近人家借来给他，他当即写了四句诗，并且自己题上自己的名字。当时在场的人都为此惊奇，然后大家把这首诗传送给全乡的秀才观赏，所有人都称仲永为神童。从此，有人指定事物叫他写诗，他往往能立刻完成，并且文采很好。整个县城，很多人对这样的一个神童感到惊奇，就请他的父亲去做客，也有人用钱财和礼物求仲永写诗。他的父亲认为那样有利可图，每天牵着方仲永四处拜访同县的人，不让他学习。终日不学习的他最后“泯然众人矣”。

这不能不说是一个悲哀，天才沦为平庸之人的原因只有一个，就是自恃有天才的大脑，而不思进取。人的思维就如同一台机器，不运转的机器会随着时间的推移而生锈，最终报废，人的思维也是这样，不锻炼的思维也会变得愚钝。

心态决定一个人的一生，年轻人要以此为戒，不要让自己成为第二个仲永，悲剧往往就是把美好的东西毁灭了给人看，年轻人不要让悲剧重演，积极进取才能让自己不断地成长、进步！

牛顿是经典力学理论当之无愧的开创者。他系统地总结了伽利略、开普勒和惠更斯等人的工作，得出了著名的万有引力定律和牛顿运动三定律。他的成就是伟大的，他是科学界的巨人，他曾经虚心地说过：“我之所以成功，是因为站在巨人的肩膀上。”可是，他犯了一个不该犯的错误——走了众多人走的老路。他逐渐失去了进取心，晚年的他成为了一个庸碌的人。

随着牛顿科学声誉的提高，他的政治地位也得到了提升。1689年，他当选为国会中的大学代表。作为国会议员，他慢慢地把自己倾注心血的科学搁浅了，开始把大量的时间花费在和同时代的著名科学家如胡克、莱布尼兹等进行科学优先权的争论上，并对科学表现出厌恶的情绪。

晚年的牛顿更是过着堂皇的生活，1705年他被安妮女王封为贵族。此时的牛顿非常富有，是公认的最伟大的科学家。他担任英国皇家学会会长的二十四年时间里，他以铁拳统治着学会。没有他的同意，任何人都不能被选举。

晚年的牛顿开始致力于对神学的研究，他否定哲学的指导作用，虔诚地相信上帝，埋头于写以神学为题材的著作。当他遇到难以解释的天体运动时，竟提出了“神的第一推动力”的谬论。他说“上帝统治万物，我们是他的仆人而敬畏他、崇拜他”。1727年3月20日，伟大的艾萨克·牛顿逝世。

尽管荣耀无法磨灭，可是他晚年的错误和人生之路的失误不免为他灿烂的一生留下了残缺和遗憾。功成名就那都是过去的历史，过去并不代表未来，未来谁都无法预料。骄兵必败，得意容易忘形，倘若牛顿晚年能保持不竭的动力，为人类科学再散发余热的话，或许人类史上会有更伟大的发现。

我国著名政治家毛泽东曾经说过：“虚心使人进步，骄傲使人落后。”这句话我们耳熟能详，谦虚就是有自知之明，是一种好心态的表现。一个人只有谦虚，才会不断进取，才会努力迈向更辉煌的人生。这句话应该成为年轻人一生的座右铭，无论取得什么样的成就，都要把它看成过去的历史，展望未来，才能奋发向上。不眷恋地面的风筝才会越飞越高！

千万不要放弃希望，放弃希望就放弃了一切

人说，“哀莫大于心死”，一个人如果绝望了，那就是最大的悲哀，当他不再对事情抱有希望，在这个世界上漫无目的地徘徊、闲逛时，他已经是行尸走肉，这就意味着他真的破产了。而只要一个人不放弃希望，这就是他最大的资产，什么都会成为可能。所以，为人生目标奋斗的年轻人，当人生遭遇挫折和逆境的时候，千万不要放弃希望，放弃希望就放弃了一切。

什么样的心态，决定什么样的人生。要改变命运，就要拥有良好的心态。希望是人生晋级的最大的本钱，希望对于人的意义是，它会成为人的最后一道心理屏障和支撑。有希望的时候，人会变得积极，会为此积极地筹划和谋备。而当一个人绝望的时候，什么都会成为无意义，他变得消极、悲观、沉沦，即使面对翻身的机会也会因为绝望而放弃。

希望就是人生之舟漂泊于海上失去方向时，东方出现的一轮

红日；希望就是生命一息尚存时的那颗救命神药；希望就是被冤枉百口莫辩时的那雪亮的眸子。哪里有希望，哪里就有光明。而绝望就是坠入悬崖后砸向头颅的石头，绝望就是给自己宣布死刑，就是让自己陷入自暴自弃的无底深渊……

所以，永远不要放弃希望，哪怕是置身黑暗当中；永远不要失去希望，哪怕上天夺走了我们太多的东西，它也无法剥夺我们奋斗的心，无法剥夺我们内心燃烧着的希望。绝望给予失败的人破产，而希望给予失败的人翻身的资本。希望造就了一个个举世瞩目的成就，大凡成功的人，都不是一帆风顺的，都经历了常人无法想象的挫折，是希望给予他们战胜困难、挑战自己的勇气。

所以，年轻人要拥有好心态，好的心态是成功的一半。要让心中的希望不灭，即使奋斗的路上满是泥泞，即使你的世界已经漆黑一片，也不要绝望，只要希望常在，那就拥有了最大的资产。

战胜自己，人生最大的敌人其实是自己

人生最大的敌人其实是自己，真正的成功，不在于战胜别人，而在于战胜自己。自己打败自己是最可悲的失败，而自己战胜自己是最可贵的胜利。因为战胜自己需要太大的勇气，要有坚韧不拔的意志，要有坚定不移的信念，要有在逆境中成长的信

心，要有在风雨中磨炼的决心。

心态决定命运，所以，年轻人要培养战胜自己的目标、决心、能力及克服困难的勇气，战胜了自己才是成功最有利的武器。战场上，硝烟滚滚、杀人无数后的胜利的笑声并不舒心，保尔·柯察金钢铁般的意志、张海迪惊人的毅力才是真正值得我们敬佩的。年轻人只有学会战胜自己，困难才会远离你；学会战胜自己，前进的路上才会留下你奋斗的足迹；学会战胜自己，鲜花和掌声才会属于你。

在人一生的漫漫旅程中，不可能不会遇到困难和挫折，不可能永远一帆风顺，但为什么有的人成功了，而更多的人只能面对失败俯首哀叹呢？其实原因非常简单，就是他们对待困难的态度不同。勇敢者，面对困难迎头而上，面对挫折百折不挠；胆怯者，面对困难畏缩不前，面对挫折灰心丧气。纵观天下无数的成功的事例，你会惊奇地发现：成功，不在于战胜别人，征服别人，而在于战胜自己。

世界艺术大师梵高，后来为人们顶礼膜拜，可是在他的短暂的生命里，写满了痛苦，37岁正值生命黄金时代的他，自杀了。面对生活的压力，面对周围的冷漠，忧愁郁闷萦绕心头，梵高最终没能战胜自己，没能逃脱困境，毅然决然地结束了自己的生命。

而同样也有这样一个法国画家——米勒，年轻时的作品一幅也卖不出去，他陷入贫穷与绝望的深渊里，但他没有放弃。后来，他迁居乡间，虽然仍未摆脱贫困的厄运，但是他并没有停止作画，从此他的画更多表达美丽的大自然和淳朴的农民。其中《播种》《拾落穗》等作品，后来成为美术画廊上的不朽之作。如果他没有战胜挫折的勇气，缺乏自信，是永远都不会创作出不朽之作的。

这两个事例说明，不管是谁，在困难面前，如果不能战胜自己，那么就会成为困难的牺牲品；如果能勇敢地迎着困难而上，相信自己“我能行”，那他就有可能成就一番事业。

这告诉年轻人，必须要有个好的心态，好心态才能改变人生的状态，战胜自己，才能成功。而战胜自己，必须有勇气和信心，不是每个人在困难面前都能够意志坚定，很多人稍遇困难便停滞不前，是他们不想战胜困难吗？不是，是因为他们没有勇气战胜困难，是他们缺少自信。缺乏自信是他们前进路上的拦路虎、绊脚石，只要学会调适心态，战胜自己，就可以扫除拦路虎，搬掉绊脚石。这样，就会一路风光无限好！

兼听则明，集思广益才能拓展自己的思维

年轻人相对于老一辈人来说，很大的一个不同点就是敢想敢做，可是很多年轻人有个缺点，那就是容易形成一种偏执的思想，固执己见，心中总是装满自己的想法与看法，而听不进去别

人的意见。这种错误的想法很容易让年轻人在人生的道路上犯错或者摔跟头。

人无完人，必然智无完智。任何一个人，由于受客观条件所限，他的智慧毕竟是有限的，主观上不可能对事物作出绝对正确的判断，这就要求年轻人要虚心求教、广泛听取他人的意见以增强对事物判断的正确性。当然，这不是说不要主见，相反，在听取他人的意见后，要综合自己的观点以做出结论。

有成语云："兼听则明，偏听则暗。"所谓"兼听"，即多方面地听取他人的意见，听取多方面的意见就能了解事情的真实情况，而"偏听"就是指单听信一方面的话，而这样，自己就会糊涂，事情就弄不清楚。这是因为每个人都会受各方面因素的局限，对问题的看法很难做到尽善尽美，而集众人之思维，就能看得全面。

对于求取成功的年轻人来说，只有广泛听取别人的意见，才能不断虚心地学习，才能少走人生的弯路。思维决定成败，一腔热血固然重要，可是不要故步自封，集思广益才能拓展自己的思维，才不会被前方的路迷惑。

那是个疾病泛滥的年代，很多人被疾病折磨着，华佗想，"唯有立志行医，才能治病救人"，于是，他决定去西山拜师求学。一路上千辛万苦，终于，他来到了西山。

当华佗拜完师以后，师傅对他说："这里有许多病人，你就专门侍候他们吧！"于是，华佗就开始治疗起他的第一批病人，他一面耐心地侍候病人，一面留心观察每个病人病情的变化和用药方法，仅用3年的时间，他就懂得了不少病的病源、病理和用药方法。

后来，有一天，师傅说："你已经学了不少东西。但是还要学些医书、药典。"他带华佗到内室，只见到处是书籍、挂图。华佗高兴极了，从此不分昼夜，如饥似渴地攻读起医书来。

这样，又是3年，一天华佗正在读书，突然有人跑来说："师傅病了，你快去看看。"

华佗连忙跑去，只见师傅两眼紧闭，手脚僵硬。他摸了摸师傅的额头，又按按师傅的脉搏，然后笑着说："师傅无大病，自会好的。"人们都责怪华佗不懂医道。就在这时，师傅突然坐起来，哈哈大笑说："华佗说得对，我是故意装病，试试你们的本领的。"众人听了，不得不佩服华佗的本领。

"有志者事竟成"，华佗终于学得一手好医术，辞别了师傅，下山给人们治病去了。

华佗之所以能察觉出师傅是在考验自己，和他长期学习古人的医术、药典有很大关系，虚心的学习使他具备了高深的医术，那些表象自然不能迷惑他。

古语说得好："智者千虑，必有一失；愚者千虑，必有一得。"高山自有高山的巍峨，细石自有其独到的玲珑，相得益彰，互补方能全美。江海不辞涓滴，高山不拒细石。多听取别人的意见，年轻人将获益匪浅。

马克拥有一家自己的公司，公司规模也不小，而此时他才25

岁，他的成功很大一部分源于他能和员工平等相处，能听取员工的意见。

但他手下有很多部门经理总是摆着一副官僚之态，一味奉迎上司，而不是和下属员工们共同探讨工作中的问题。在一次公司的会议上，他批评说："那类总爱把自己当作绝对真理的老一套企业官僚，在我这里会被看作神经病患者。"在各级经理集会上，他悠闲地与他们一起喝咖啡、进晚餐，这样他们可以自由自在地与他交流意见，商谈业务。他相信，只要集中大家的智慧和力量，就没有什么解决不了的问题。

和马克一样，很多年轻人也都有着美丽的创业梦，为什么马克能让事业蒸蒸日上？因为他相信只有集合所有人的智慧，才能避免工作中的很多问题，必然就不会被一次次"试验"的跟头绊倒，从而少走了很多冤枉路。

即使学富五车的专家学者也有失误的时候，还需要虚心求教，年轻人更要如此。再看历史上的帝王将相，凡能广开言路的，大都国运昌盛；否则，就闭目塞听，祸国殃民。齐威王善于倾听邹忌的意见，以至于"燕赵韩魏闻之，皆朝于齐"；唐太宗善于采纳魏征的谏言，始有"贞观之治"；赵奢听从许历的建议，才能在领兵救韩中挫败秦军夜袭的阴谋而大败秦兵。

心中装满自己的看法与想法的人，永远听不见别人的心声。所以，年轻人要戒骄戒躁，虚心求教，这样，必定能受益匪浅，拓展思路，改变命运！

第5章

年轻就是资本，绝不能让他人主宰你的人生

人生路上，我们都希望得到周围人的支持，这会让我们更有信心，然而，在我们努力的时候，可能出现的更多的是反对和质疑的声音，对此，我们要明确的是，“年轻就是资本”。因为年轻，我们有时间、有精力去拼搏，失败了大不了重新来过，所以，任何一个年轻人，都应该有自己的想法，放任自流、人云亦云的人生是悲哀的。我们应该成为主宰自己命运的人，走自己的路，走出自己的风格，走出自己的个性，我们的人生才会是独特的，才会是精彩的。

走自己的路，不断坚持自己的想法和做法

想要成功，就要走与他人不同的路，就会有人不理解你，误解你，甚至亲人也会反对你，不支持你。这时，你是放弃自己的梦想，顺应他人；还是坚持自己的想法，相信别人到最后一定会理解你？有一句话说得好——“走自己的路，让别人说去吧。”

大部分二十几岁的年轻人，喜欢特立独行，如果把这种精神运用在获取事业的成功上，就是一种积极的做法，就是值得鼓励的。而若只是表现在打扮上的奇装异服，和行为上的诡谲，就是一种幼稚的表现。

大多数卓越的人，在成功之前，都遭遇过他人的误解，遭到过嘲笑和白眼。可是一旦当他们成功，大家就会忘记曾经的嘲笑，转而钦佩起他们来。要知道，成功是解决一切嘲笑、麻烦的最好的方法。

有一个部门经理，每月有六七千元的收入，社会地位也算很高。他看到了出租自行车给刚刚到北京的外国人逛胡同用的巨大商机。他选择的地方，就在自己公司的办公楼下，随时可能遇到上班的同事、上司，其中不乏自己原来的老同学。但他没有犹

豫，确定了自己的想法后，第二天就向公司递出了辞呈。他说，最难熬的是第一天，他守着几百辆自行车，很多人都以为他沦落成街头看自行车的，还有同学好心地要给他介绍一份好一点的工作。那时，他特别尴尬，脸面上十分挂不住，但想到自己的雄心壮志，还是忍了下来。不久，他获得了成就，成为了一个老板，他到处雇人帮他租车，开出的月薪超过了普通行业的几倍，而且不需要更多的技术，但还是雇不到人，不是因为薪水少，而是大家放不下面子。他只好找那些外地打工的人为自己工作，自己则到处考察别的适合做这个生意的地方。就是因着这个小生意，他获得了巨大的成功，成为同事、朋友们津津乐道的成功人物。他说幸亏他当初不顾家人的反对，众人的嘲笑，坚持了下来，否则哪有今天的成就。

获得成功是要付出代价的，其中的一个代价，可能就是承受众人的误解。事实上不管你是不是想要成功，都会遭到人们的议论。人嘴两张皮，这世界上最信不得的就是蜚长流短。明白了这些，你就会对人们的议论置之不理，只一心想着自己的目标。成功可以表明一切，可以让众人明白，你当初的选择是对的，用成功去证明自己才是阻止议论最有效的方法。

面对议论，我们要泰然处之，既不要夸大了议论的作用，也不要小看了流言的压力。曾子未曾杀人，然三人谣言，连曾母也相信了，畏惧了。我们要顶得住议论的压力，这不是轻易就可以做到的。但只要我们相信自己是正确的，就应该坚持自己的想法，无论别人说什么，都不为所动，我们才可能实现自己的梦想。

有的人失败不是因为他能力不够，而是因为他性格软弱，容易动摇，一旦别人否定他的想法做法，他就会觉得自己可能错了，而这时一旦遭遇挫折，他就会退却。这正是一种不自信的表现。听信片面的劝告有时正意味着失败，有时成大事就需要撞了南墙也不回头的精神。只听信他人的意见，而不能自己作出判断，就会摇摆不定，是成大业的大忌。年轻人经验不足，要听取他人的意见，但更要有自己的判断，不能偏听偏信，更不能怀疑自己获得成功的可能。没有人可以击垮你的自信，除了你自己。关键时刻，怀疑自己就会让一个人功亏一篑。如果你确认自己的行为是对的，就要坚持下去，绝不动摇，不要听取负面的语言，那些否定你的语言，会让你退缩，会让你失败。我们都知道，对于小孩子的奇思妙想要学会鼓励，学会夸赞，而不是批评。在小孩子眼里一切皆有可能，我们也要不断地鼓励自己，让自己明白，对于自己的人生来说，也是“一切皆有可能”，不要让任何人偷走你的梦想。

我上小学的时候有一个数学老师经常说，你们这辈子的数学别想学好了，结果我们班的数学成绩往往是最差的。我们的语文老师却常常夸奖我们做得好，有创意，即使在我们做不好、作文没思路的时候也会千方百计地启发我们去做好。结果，所有的学生都很喜欢语文课。英语老师则在第一节课上，就在黑板上写下：世界上只有痛苦的人和快乐的猪。结果我们一提到英语，就会和痛苦、乏味联系在一起，尽管我们的英文都不错。

在上学的时候，我们往往最信任最尊重老师的意见，因此，他们说什么我们都是容易相信的，这就会变成我们的潜意识，不断地来影响我们。走上社会后，大家容易听信上司、同事的话，以此来博得他们的认同。因此，周围人对你的评价始终会影响你。很多小时候的天才正是被人们怀疑的评论扼杀，变成了平凡人。也有很多人因为亲人的信任和鼓励，变成了卓越的人。我们不能改变别人对我们的评论，但能够控制自己对别人评论的态度。当你面对“你以为你是谁”“你只是个穷人的孩子”“你不能”“你做不好”这些会影响到你的评论时，你要听而不闻，保持好的心态。你不能同他人吵架，却可以在他说一句“你不行”后，自我肯定一句“我一定行”“我会证明给你看我能成功”。在每一句否定的批评后面，加一句肯定的鼓励。这样我们就会不断坚持自己的想法和做法。

“走自己的路，让别人说去吧！”年轻人一定要坚持自己正面的想法，不要轻易接受负面的评论，不要受别人负面看法的影响。

选你所爱，爱你所选

对于自己如何选择和对待自己的职业或者事业，每个人都有自己一定的标准，或者以发展前景为标准，或者以薪资多少为标准，或者以自己的能力专业为标准。

大多数二十几岁的年轻人选择工作时，首先便以自己的专业为标准，学管理的便想进入大公司的管理层，学财会的就会想马上坐上财务的宝座，但却往往事与愿违。事实上，除非你拥有家族企业，否则，很少有大的公司会把自己的管理层交给一个初出茅庐的年轻人；也有的年轻人选择工作时，以薪资的多少，福利的好坏为标准。这是所有公司最讨厌的一种态度，还没有为公司做出贡献，没有证明你的能力，便首先谈论报酬问题，说明这个人太功利，他可能为了更高的薪水去跳槽，公司怎么肯冒这样的风险呢？那我们要以什么标准来选择工作才会让别人不厌烦，肯接受，自己也有更大的发展前途呢？

答案就是“选择你所喜欢的”，这里的喜欢不是一时的兴趣，也不是简单的爱好。而是自己对职业的一种高度热情，这种热情不会因为困难而被浇灭，也不会随着时间的过去而减少。你可能有很多的业余爱好，但你愿意以全部的生命，全部的时间去投入，去经营的职业，才是你最有热情的，最喜欢的。很多经商的人说，我必须每天看到钱，才有奋斗的动力，我不会选择一月发一次工资的工作，即使给我再多的月薪。孔子学音乐“三月不知肉味”，有人读书“一天不读书，便觉满口铜臭”，这就是热情的力量。我们无论选择职业还是选择事业，都要以自己的热情为标准，才能有更持久的动力。否则一旦热情减退，你就会陷入麻木的工作和生活中。

选择的话题，是一个远古的争论，大多数的专家学者都同意根据自己的爱好去选择自己的学业和职业。那么当你做出了选择，你就必须学会牺牲一些东西。毕竟，有舍才有得，选择，就是一个舍得的过程。人的精力是有限的，人生总有一些遗憾，这些遗憾就表现在，如果你选择了自己有热情的职业，你就必须暂时放弃其他你也有兴趣的东西，专门去做你选择的职业。当一些最基本的枯燥、乏味的技巧折磨你的时候，你要做的就是坚持，继续喜欢它，决不放弃。很多学音乐的人都知道，那些枯燥的音符、单调的技巧训练会把人逼疯；那些学画的人也知道，最初的素描练习、光和影的揣摩是最让人不耐烦的。很多人都有过退缩的念头，但只有保有原始的热情、不断坚持的人最后才可能成功。

这就是“喜欢你选择的”。一旦我们确定了自己的热情兴奋点，就要不断坚持下去。在自己枯燥的工作中重新找到自己喜欢的东西，不断激发自己对于所选职业的新兴趣。这就是在考验我们的忍耐力和智慧。每一项工作，都有它枯燥乏味的地方，只有不断找到自己对工作的新的兴奋点，才能够坚持下去，不被打败。

文革时期，一位音乐老教授被派去铡草，和他同去的老教授们有的不久病逝了，有的愤而自杀了，只有他挨到了文革结束。而且，在新的讲堂上，他的技艺不仅没有退步，反而有了很大的进境。学生们问他有什么秘诀，他回答说，“因为我在农场铡草的时候，都是按照4 / 4拍的节拍进行的”。

成功的秘诀就是坚持你所选择的。在老教授没有选择的余地的时候，他仍然能在新工作中找到自己的兴奋点。选择了自己最喜欢的职业的我们更有理由不断找出自己新的热情，去克服那些枯燥无聊的程序式的东西。你可能对某行业有持续的兴趣，但你也一定有厌倦自己的选择的时候，这时候最重要的就是坚持下去，重新找到自己选择它的理由，不让自己的厌倦情绪毁掉自己多年的热情。

这就是对待工作应该有的积极的态度，永远热爱自己的工作，会让你更成功。当我们充满热情地去工作时就会发现自己无所不能，无论什么样的困难都不能阻挡我们。

我有一个推销保险的朋友，说实话他的勇敢我自愧不如，在还没有意识到保险的必要性的农村推销保险是需要极大的勇气的。但他很喜欢自己的工作，并且他每次向客户推销时，你都会觉得他推销的险种是最好的，最为你着想的，最适合你的。他总会花很长的时间去了解一个人的家庭状况，制定出最适合对方的保险，然后推销给他。如果你因为不理解他而拒绝他，他就会顺便向你灌输理财的观念。我曾经问他有没有怀疑、厌倦过自己的工作。“当然，而且不止一次”他说，“但我总能从我的工作中找到乐趣。比如，我去年刚刚为一个孩子上好保险，他就被小狗咬了。通常都是家长们带孩子去看病，然后来报销。但我那次刚好在现场，就和他的父母一起带他去了医院，孩子好了以后，他们对我千恩万谢。我想我的工作是为千家万户送去欢乐的，在他们遭受不幸的时候，同时给他们补偿。我为什么不能继续下去？有一瞬间，我意识到自己从事的工作是多么伟大，所以我不会接受任何人的拒绝，不会因为拒绝而懊恼，我要让更多的人看到保险可以给他们带来的实惠，保障。”

在这一刻，我才明白，原来他是这样看待自己的工作的，而不是把它仅仅看成一种谋生的手段。一个如此热爱着自己工作的人，他怎么会不成功呢？

二十几岁的年轻人，这世上的职业千千万万，你只有选择自己最喜欢的，才能不断坚持下去，你只有热爱自己所选择的，充满激情地去工作，才能获得成功。在面对人生的岔路口时，我们一定要坚持“选择你所喜爱的，喜爱你所选择的”。

我们所处的今天就是最好的时光

我们可能不断地在回想过去的精彩，无时无刻不梦想着未来可能获得的成就，但记住，所有的时间里，只有“现在”是最有意义的，最棒的。没有今天，过去的成绩没有任何意义，没有今天，明天也将永远不会到来。

年轻人要学会珍惜今天的时间，重视现在，无论昨天是成功还是失败的，都已经过去，无法改变。无论明天我们会不会实现自己的梦想，我们都无法此刻享受。我们能够把握的只有现在，只有此刻。所以，只要我们能够想到的事，现在做就是最好的。我们手头的工作，就是我们做得最好的工作。我们不能寄希望于遥远的未来，因为此刻如果不努力，今天就是未来的过去。如果我们不想未来的时候后悔，今天就要努力。如果一件事，你今天没有时间做，把它推到明天，那你未来的日子里，就没有任何一天有时间去做它。

你是不是习惯于说“明天开始，我要……”？现在开始改掉这个坏习惯吧。你要学会说“现在开始，我要……”，然后如果旁边有人，记得让大家提醒你。

有两个年轻人，他们一起在一个旅行社工作。不久，他们都意识到自己的英文能力不足以胜任现在的职位，但他们都不想放弃。其中A立刻参加了一个培训班进行培训，另一个B则决定自己在家学习。结果因为B不善于管理自己的时间，更不能坚决地进行下去，不久他就放弃了。A则相反，既然自己的钱都已经交了，他就必须强迫自己念下去。不久，他就通过了资格认证，并且在培训班上认识了一个女生，顺便谈了一场恋爱。结果，当B收拾东西离开公司的时候，A不仅获得了升职，而且订了婚。

有时候，我们的确不能做到今日事今日毕，因为有太多的诱惑让我们放弃今天要做的东西。那我们唯一的方法就是，每天记下明天要做的事，并且一定完成它。让自己每天的行程都有一个固定的计划。如果我们决定做一件事，就不能三天打鱼，两天晒网，而要坚持下去，甚至让培训班来约束我们。望着计划兴叹，是没有用的，只有对自己说，马上行动起来，我要在未来哪天等着自己的收获，你才会有更多的动力。

如果一个人的生命只剩下最后一天，我相信每个人都会用尽自己最后一点力量来做好今天的事，而不管结果如何。我们要把自己的每一天当作生命的最后一天来对待。这样我们就会马上去行动，做自己希望完成的事。

相信每个人早上都会使用闹钟，让它帮自己从睡梦中苏醒，然后马上起床去做事。我们不但要早上使用闹钟，而且要时时刻刻提醒自己该干什么了，快点做好手头的工作，不然就没法按时做另一个工作。我有一份电子备忘录，它会在准确的时间提醒我，该做某件事了，使我不得不提高自己的工作效率，以在固定的时间做下一件事，开始我也被弄得手忙脚乱，不久，我就养成了快速工作、马上行动的好习惯，偶尔还能在工作的空隙休息一小会儿。每天看着别人无序忙碌，我却有条不紊、从容不迫地完成自己的工作，别提我有多得意了。

我们无法改变过去，也无法准确地预见未来，那么，“现在”在我们的生命里就是最重要、最精彩的。如果过去的时间里，你重视了每一个“现在”，你就没有什么可后悔、可遗憾的。如果从今天开始，你重视每一个“现在”的时刻，那你在未来的日子也没有什么可后悔的。我们相信未来，更要重视现在。

相信未来，能让我们获得信心，获得从过去的泥沼中站起来的力量；重视现在，让我们为未来的大厦添上每一块砖瓦，积累每一次进步。如果说从回想过去中我们能获得经验，那从正视现在中我们就能获得进步。每天获得一个小的进步，在将来的某天，我们就能成就大业。

对于年轻人来说，现在你们处在最好的时光。你们已经获得了一定知识和生活常识，已经不再幼稚；相对于已经有家室的中年人来说，你们还是自由的，轻松的；相对于那些已经获得成功的人来说，你们还可能获得更大的成就，因为你们还有大把的青春，而青春是无价的。

有人说，二十多岁不是做梦的年纪，而是明确方向的时候了。是的，如果你还没有一个明确的目标，你的确应该明确自己的方向。如果你已经有了一个明确的目标，那么从现在开始行动吧，努力过好自己的每一刻，让成功离你更近。

迈出自己微不足道的一小步，就有了“走出一大步”的可能性

二十几岁的年轻朋友可能还迷惑于灿烂的梦想，不知道如何迈出自己的第一步。那么要怎样迈出自己从学业到职业的第一

步，或者说从不成功到成功的第一步呢？

“千里之行，始于足下。”只要我们迈出自己微不足道的一小步，命运就开始推动它的车轮，带我们走向远方。只要我们从不会摔跤的一小步开始，我们最终就能迈出很大的步伐。

如果上天给你五百万元，你最想做什么？这是很多人都遇到过的问题。典型的回答有三种：一种是消费掉；一种是用来创业；另一种是存起来，或者进行再教育，等到时机到来的那一天再投资。且不说消费掉，那是享乐主义者的选择。如果你是个初出茅庐的大学生，你真的有勇气把所有的资本用于投资创业吗？别忘了，你既没有投资经验，也没有人可以帮你。你有这样的勇气吗？我想最切合实际的还是你为别人打一阵子工，或者进行一笔小型的投资，等你获得了成功的经验，找到了成功的路径,再进行大手笔投资比较妥当。这就是从最小的事开始，从小步开始，才能增加安全“迈出大步”的可能性。如果你走路还在摔跤、打颤，此刻，让你健步如飞地前进就是在痴人说梦。

为了不让自己摔得太狠，以至于一蹶不振，我们还是要选择从小步开始，稳扎稳打，循序渐进更加适合于我们成功的进程。

有一个故事说，一群人带着大批钱财，去山里淘金，一个老汉日日卖茶给他们喝。三年过去了，那群人花完钱财，衣衫褴褛地从山里出来了。在山脚下的一个餐馆吃饭时，众人都奇怪为什么餐馆的老板看起来很眼熟。这时老板走近他们，说：“今天你们的饭钱我包了，我就是那个在山上卖给你们茶喝的老头啊，幸亏有你们捧场，我今天才挣够了钱，开了这个饭店，我要感谢你们。”

比起淘金来，卖茶的确算不上是挣钱的生意，但老人肯于踏实做事，做最小的生意，终于积累了财富，拥有了自己的产业。而淘金的人只看到了挣大钱的机遇，没有看到他们的风险，最终变得一无所有。

大事业有大风险，在我们对风险的承受能力还很小的时候，我们要采取稳健的方法，从小事做起，踏踏实实地做事，这样我们才能保证自己不在起步的时候就被打倒。有人说，做生意，什么时候都能赔，只有第一次不能赔，否则你就会失去勇气，而勇气正是一个人成功的保障。我们要学会保护自己的勇气，而不只是单纯鼓励自己要勇敢。事实上，第一次走路就摔跤的小孩，通常要比没有摔倒的小孩学会走路晚，而且每走一步都战战兢兢。

想要尽量避免自己在开始的时候摔倒，就要小步地开始尝试，然后加大步幅，加快速度，使自己冲上成功的巅峰。长跑的时候，通常不是开始跑得最快的人跑第一，因为所有参加过长跑的人都知道，开始时要保持自己的体力，通常竭尽全力地快跑一百米以后，你就会力竭，就只能维持走路的速度，而这时你只维持正常跑步速度，你就不会落得太远，当快到终点时，竭尽全力，你就可能拿到第一。人生就是一场长跑，比的不是在开始的时候谁跑得最快，而是谁能在开始的时候不摔跤，保持实力。这里的实力包括资金，信誉，勇气。如果你一开始摔了跤，就意味着你不但损失了金钱，而且大家不再轻易相信你的能力，最重要的是，你的信心会受到打击，勇气会消失不再，这才是无法估量的大损失。

二十多岁的年轻人，正处于血气方刚的年龄，希望做一番大事业，实现大梦想。不屑于做小事，这种态度将导致最终的失败；即使不会失败，也会让自己的人生充满挫折；即使最终获得了成功，充满痛苦的过程也会让自己高兴不起来。

朋友，如果你想获得成功，那么就要从小事开始努力，训练自己成功的素质，保持好的习惯，积累自己的资本和人脉。这样当机遇来临时，我们才能抓住它，大步迈进，达到事业的顶峰，成就大的功业。

养成不推诿、积极找方法的习惯，才能获得成功

纵观古今，成功的人总是在为成功找方法，没有钱就贷款，积压太多就找销路，销售不好就作宣传。而失败的人总为失败找理由，做这个肯定不赚钱，做那个肯定要亏本，我家庭负累太重，不能离开工作，我要有一份固定收入，才会放心。

二十多岁的年轻人，可能会说，我家在农村，既没有祖业，又没有关系路子，一份工作都是自己好不容易找到的，要想成功谈何容易？

事实证明，那些相信想要成功必有方法的人，做事总是特别

顺利，也特别容易达成目标。而那些认为命运是上天注定、做成一件事有千万种困难、遇到挫折就怨天尤人的人，他们的道路往往坎坷，做事也不容易成功。这是因为这种人把做事的困难扩大化了，认为自己不能够逾越这种困难，所以，他们往往在原地打转，不能够超越自己。而那些自信的人，则认为事情没有自己想得那么复杂，那么困难，只要练习一段时间，或者仔细寻找，细细观察，就会有应付一切情况的办法，不久这些办法就能够运用自如。成功者永远不认为没有办法，只是这些办法还没有找到，或者时机还没有成熟。

世界没有为我们成功要使用哪种方法划定界限，只不过是我们常常局限在自己的想法之中，不能够找到正确、简单的方法。命运之船在未知的旅途中航行时，重要的不是彼岸离我们有多远，而是我们有没有到达彼岸的决心、勇气和智慧。只要我们有了这些，我们就一定能找到成功的方法。那些善于为成功找方法的人，一定会不断取得成功。而不断为不能成功找理由的人，就会不断失败，最终使自己的人生一塌糊涂。一个问题就能改变一个企业的命运，一个方法就能够改变人的一生。只要我们善于找到问题真正的症结所在，我们就能够找到解决它的方法，一步步获得成功。

其实，失败本身并不可怕，真正可怕的是将失败的原因归结到别人或者外部条件上，千错万错都不是自己的错，自己不过是运气不好，或者是机会不对。很多人之所以不成功是因为没有从失败中吸取真正的经验教训，没有从自身找原因。借口让我们不断地原谅自己，敷衍别人，让自己失去了承认错误的勇气，同时也就失去了进步的理由和动力。失败的借口让我们无法突破和克服自己，会导致我们不断失败。面对失败怨天尤人的人就会不断失败，而承认自己的不足并找方法去弥补缺点、取得进步的人，则会不断超越自己，获得成功。

二十多岁的年轻人，千万不要为自己的失败和错误找各种各样的借口，只有不断从自身寻找原因，承认错误，才能不断取得进步，不断找到让自己更加成功的方法。

无论遇到什么状况，我们最先想到的应该是积极地想办法解决，而不是认为我们遇到了困难，所以不能够成功。在人生的道路上，所有人都会遇到各种各样的考验，成功的人善于不断地找到解决它们的方法，我们也要像他们一样养成不推诿、积极找方法的习惯，才能获得成功。

第6章

抓住机会，积极主动才能将机遇牢牢抓在自己手中

世界首富比尔·盖茨曾说过：“卖汉堡包并不会有损于你的尊严。”也有人曾经总结：“成功的人生，一言以蔽之：蓄势待发。”这句话应该成为每个正在倾尽全力为目标奋斗的年轻人的人生格言。因为成功的秘密在于，当机遇来临的时候，你已经作好了把握住它的准备。当然，对于现在的你来说，你应该加倍努力，时刻准备着，这样，你才更易受到机遇的垂青。

只要抓住机遇，你也能创造财富神话

很多年轻人在社会上闯荡两年后，仍然在贫苦的境遇中挣扎，没有太大的起色。他们时常感叹：人的命，天注定，自己生下来就是一个穷命！

殊不知，生而富有的人实属少数，许多亿万富翁用他们的人生经历演绎了如何从一贫如洗到坐拥亿万家财。由穷到富的转变，是大多数人改变命运的人生轨迹，而这些富翁，可以说是其中的佼佼者。

很多年前，美国穿越大西洋底的一根电报电缆线因破损需要更换，这则小消息平静地传播在人们之间。但是一位不起眼的珠宝店老板没有等闲视之，毅然买下了这根报废的电缆。

没有人知道小老板的意图，大家认为他一定是疯了，异样的目光围绕在他周围。

小老板关起店门，将那根电缆洗净、弄直，然后剪成一小段一小段的金属段，装饰起来，作为纪念物出售。

大西洋底的电缆纪念物，还有比这更有价值的纪念品吗？

机遇带来财富的神话在这个小老板的身上再次上演，一根报废的电缆线，在大多数人看来，毫无作用，甚至只能作为垃圾处理。而在他的眼里，却潜藏着巨大的商机。由此，他挖掘到了自己的又一笔财富。

随后不久，他又买下欧仁皇后的一枚钻石。淡黄色的钻石闪烁着稀世的光彩。

人们不禁要问：他是自己珍藏还是抬出更高的价位转手？

他不慌不忙地筹备了一个首饰展示会。观众当然是冲着皇后的钻石而来。

可想而知，梦想一睹皇后钻石风采的参观者会怎样蜂拥着从世界各地接踵而至。

他几乎坐享其成，毫不费力就赚了大笔的钱财。

他就是美国赫赫有名、享有“钻石之王”美誉的查尔斯·刘易斯，一个磨坊主的儿子。

对于那些憧憬着快速致富的人来说，机遇是上帝的别名。当它来到你身边时，你首先要看到它，然后是利用它。生活中那些目光敏锐、头脑灵活的人，总能在机会的身影还若隐若现时，就作出自己的判断，并积极地行动。

拥有上千家假日酒店的威尔逊曾说：“机遇是经常有的。对于机遇，只要你学会经常用耳去听，用眼去看，用手去摸，用脑去想，你就会感觉到它会来敲你的门。”“抓住机遇”这句口号在日常的生活中经常能够听到，有人说：“机遇青睐有准备的人。它不相信眼泪，它与怯弱、懒惰无缘。”也有人说：“机遇稍纵即逝，目光敏锐、勇敢果决者常常能获得它。”其实，机遇并没有戴着有色的眼镜，它对任何人都是平等的，能不能抓住它，主动权在自己手里。

1865年，美国南北战争宣告结束，但由于总统林肯被刺身亡，美国人民沉浸在欢乐与悲痛的双重情绪之中。这时，在铁路部门工作的卡内基意识到：战争结束后，经济必然复苏，经济建设必然需要大量的钢铁。因此，他义无反顾地辞去了报酬优厚的工作，主持组建了联合制铁公司。当美国打败墨西哥之后，便决定在加利福尼亚州修建一条铁路。随后，又批准修建另外三条横贯美洲大陆的铁路线。同时，各地纷纷申请铁路建设，规模已达到了数十条，而这一切都需要大量钢铁的支持。因此，卡内基在联合制铁厂里矗立起一座当时世界最大的熔矿炉，并聘请化学专家到厂中检验买来的矿石、灰石和焦炭的品质，从而达到了产品、零件及原材料的检测系统化。随后，卡内基大力整顿经营方式，使工厂职工各层职责分明，生产力水平大为提高。

但是，经济的迅猛增长势必会有缓冲或回落的时段，卡内基根据社会发展状况，预料到了那一天的来临。因此，他事先买下了英国道兹工程师“兄弟钢铁制造”专利和“焦炭洗涤还原法”的专利。当1873年的经济大萧条来临之际，银行倒闭，证券交易所关门，铁路工程款支付被迫中断，一切生产都好像戛然而止，许多公司在经济大萧条中倒闭，而卡内基凭借事先买到的专利，公司依然正常运营……

在经济萧条的年代，大多数人看到的只是眼前一派衰败的社会现实，很少有人从社会的大发展方面看待事情，因此与千载难逢的好机会失之交臂。卡内基没有随大流，他从社会的不断变化中认识到，什么事都会有高潮和低谷，低谷过后，经济又会得到快速回升和发展。因此，他又向钢铁制造方面追加了投资。经济大萧条很快就过去了，经济再次得到快速发展。当其他公司开始正常生产的时候，卡内基已经抓住了主动权，公司生产的钢材和钢轨等在同等货源短缺的情况下被大量订购，他从中赚到了高额的利润。经过十几年的经营，卡内基开始拥有垄断钢铁产业的实力……

我们常说，“谋事在人，成事在天”，对于始终追求财富的人来说，“谋事在人，成事亦在人”。他们不会抱怨社会的不公，而且在仰望远处的高山时，也关注脚下的矿石，他们一直努力成为善于识别机会和发现机遇的智者。

那些亿万富翁能像滚雪球一样让自己的财富越聚越多，大多是因为他们看到了机遇创造财富的秘诀：机遇就是指在特定的时空下，各方面因素配合恰当，产生的有利条件。谁能最先利用这些有利条件，运用手上的人力、物力，从事投资，谁就能更快、更容易地获得更大的成功，赚取更多的财富。

也许你只是平凡生活中的一个小人物，每天接触的也只是一些琐碎的事情。然而，只要你心存致富的想法，练就一双发现机遇的眼睛，你同样有机会创造自己的草根传奇。

能否发现潜藏的机会，考验你的眼光长短

无论何时，一个人都可能遇到自己梦寐以求的机会。我们身边的机遇，也有很多，只是我们很难发现它。怎样发现自己面前潜藏的机会，更考验一个人的眼光长短，志向高低，我们只有把眼光放长远，才能够忍受暂时的辛苦，获得更多的机遇。

我曾有一位同学，汽修中专毕业，当时中国的车市并不太好，他觉得终有一天，汽车会成为人们普遍拥有的交通工具，于是选择了汽修专业。但毕业之后，因为没有经验，从事的不过是一些简单的洗车工作，又脏又累，半年之后他就后悔了，改行做了别的工作。不久之后，随着中国的入世，汽车果然成为了最普遍的交通工具，汽车修理工也成了紧俏职业，这位同学后悔不已，但他已骑虎难下。结果他一直在从事自己不喜欢也不擅长的工作，剩下的人生已经无望。

很多时候，眼光就是一切。在赚钱方面更是如此。不要以为我们年轻，还没有一定的资本，也没有社会关系，机遇就不会光临我们。这样的想法大错特错，只要我们有一定的眼光，进行一定的投资，就会有意想不到的收获。在有眼光、有财商的人眼中，任何一件事都是一个可以赚钱的好机遇。

发明迷彩服的大富翁菲勒，他在临终前，让秘书在媒体上发布了这样一条消息：“我快要到天堂去了，乐意为失去亲人的人带口信，每人收费100美元。”虽然此事荒诞不经，但仍有不少

人怀揣好奇之心，前后有1000多个人付给他款项，托他捎口信。同时他的遗嘱也与众不同，同样是让秘书登广告：“我是一位绅士，愿意同有教养的女士同享一块墓地。”结果，果真有一位贵妇人同意资助五万美元，伴他长眠于地下。

在菲勒的眼中，遍地都是财富。即使是一件平凡无奇的事，一件废弃的东西，在他的调度之下，也会成为赚取财富的资本。有了这样的眼光，所有的事都会成为他变得更加富有的机遇。

对于刚刚步入社会的我们来说，自然还不具备这样的眼光，但我们要学会提高自己的财商，正像一个人的智商可以通过学习和锻炼得到提高一样，一个人的财商、眼光也是可以通过锻炼来提高的。这样的锻炼，往往需要我们付出很大的代价，甚至暂时牺牲很多本来可以得到的利益。正像俗语所说的一样，“欲想得到，必先舍弃”，我们也要学会丢弃芝麻，才能够捡到西瓜。

在原地等待机遇的人远不如那些追逐机遇，把每一件事、每一份工作当作机遇抓到手的人积极主动，也不会像他们那样得到更多的机遇。

有一个送外卖的男孩，他每天要送出600多份外卖，工作非常辛苦，但他一直没有离开他的工作岗位，寻找更能挣钱的工作。因为他觉得这份工作能够让他更熟悉这个城镇的生意人的生活，也能够让那些老板们更加熟悉和信任他。这份工作，他坚持了六年，一直只挣三百元的工资。但是，六年后，这个男孩成立了自己的家政公司，在这个小城，家政公司很多，竞争异常激烈。但自他开业后，生意一直爆满，因为六年来，男孩熟悉了数千位生意人的生活，熟悉了他们的需要，而且他们也熟悉信任这个男孩子。

于是，一个名不见经传的小男孩，就在这样密不透风的城市闯下了一条道路。他凭借的仅仅是一个送外卖的机遇而已。二十几岁的年轻人们，也许我们的工作微不足道，但只要我们把每一份工作、每一次宴会当作一次机遇，从每一次平凡的事情中，锻炼自己的眼光，就能够很快地发现机遇，获得财富。

没有发现机遇的眼光，即使机会就在面前，我们也会视而不见。而目光短浅，只看到眼前的利益，则会让我们失去成大业的机会。有多少人只为了多一点点薪水转战职场，却把在原单位的人脉丢掉？有多少人只为了眼前和某个人的争斗，而错失了自己发展的良机？有多少人为了抓紧眼前得到的东西，而不舍得放手去搏更大的利益，最终失去了本该得到的东西？

二十几岁的年轻人啊，把目光从享受上移开，关注更重要的东西吧！否则，你会陷入堕落的泥潭，忙碌而潦倒地度过一生。把眼光放长远一点吧，我们会得到更多获取财富的机遇，成为一个充实而成功的人。

善打交道，才会得到更多机遇

作为将要步入社会的年轻人，我们一定要明白，机会总是在和别人打交道的过程中得到的。无论是取得信息还是寻找帮助，都要和别人打交道。好的人际关系，是产生机遇的前提。如果别人愿意帮助你，你就有了一次千载难逢的机遇。而如果你总是信奉单打独斗的原则，机遇就会离你远去。

天时，地利，人和，好的机遇才会产生。有人认为好的机遇属于天时，其实不然，天时也可由人和造就。关键时刻，有人为你说一句好话，说不定你的机会就会到来。朋友不经意间说的一条新闻，说不定就会成为你创业的源泉。所以，不要忽视身边的每一个人，乐于和别人打交道的人，才会得到更多机遇。

金某是一个年轻的木制用品推销员，有一次，他和一位同事去推销产品，恰逢该公司老板刚刚买完一季度的办公用品，办公室不再需要木制品。同事在和老板谈天时，金某认识了一位打扫卫生的老大妈，和她攀谈了一会儿。不久，同事出来，告诉他不需要购买产品，老大妈惊奇地说："经理家不是打算买一批好的木制家具吗？你们有没有？"金某转身拉着同事上了楼，不久，经理爽朗地笑出来，"没想到，你们消息这么灵通，连我家缺家具都知道，好吧，我决定买你们的产品。"因为这一次成功的交易，那个老板连办公用品也换成了这家公司的。后来，公司因此打开了市场，很多知名的大企业也纷纷改用他们公司的木制品。

所有市场的打开不过因为一个偶然的机遇，而所有的机遇不过因为金某和一个清洁工多聊了几句。所以，尽可能大地扩展自己的交往半径，我们就可以获得更多的机遇。

研究表明：一个人和世界上的任何人之间只隔着六个人。不管他们之间有着怎样大的差别。也就是说，通过六个人，你甚至可以联系到美国总统。而构成这个奇妙六人链的第二个人，一定是你认识的——比如，你的父母，你的同学，也许是自己不经意间认识的一个朋友，也许是在你公司搞清洁的阿姨。通常我们所谓的“机遇”和“贵人”，就是在适当的时间出现的适当的人、事的组合。只要这些人或事或时机能够帮到你，它就是一次千载难逢的机遇。虽然我们无法控制这种完美巧合何时出现，但我们可以通过拓展人脉，来给自己创造更多的可能。

也就是说，“机遇”这种可遇而不可求的物质，它由“时机”“地利”“人和”等元素组成，我们唯一可以控制的只有“人和”。通过和也许是微不足道的小人物交往，我们也会得到很多有用的信息，凭此来制造很多机遇。

当然更多的机遇是那些“富人”提供给你的，尤其是赚钱的机遇。但是，“富人”们都有自己的交际圈，他们的眼中，往往是不会有我们这样的小人物的。怎样结交比我们优秀的那些“大人物”呢？要知道，虽然金钱几乎无所不能，但“大人物”也有遇到急事的时候，也有需要别人解围或者帮助的时候。这时候，只要伸出你的手帮助他们，你就可能获得一个富翁朋友。当然，不仅如此，如果你善于交往的话，你还可以获得他身后庞大的人脉资源和提供给你的不错的机遇。

前MySee总裁高燃的人生转机，就蕴藏在一次采访中。当时，高燃在《经济观察报》做一名财经记者，但他已经有了自己创业的初步想法，他曾拿着电子商务的计划书在电梯中堵过杨致远，但没有结果。这次他们要采访几位重量级人物，几个记者都把话筒对准了几位海归派，冷落了当时的民营企业家、远东集团董事长蒋锡培，使得他万分尴尬。高燃看到这一景象，忙问了蒋锡培几个问题，为他解除了尴尬。采访结束后，高燃向他讲明了自己的请求，蒋锡培一口答应了他，虽然后来因为公司股东的一致反对，蒋锡培没能如期贷给他1000万的款项，但他以个人名义借给他100万的启动资金，并对他说，“这个项目有风险，但你这个人没有风险。”虽然后来那个项目以失败告终，但这锻炼了高燃很多方面的能力。2005年2月，高燃遇到了当年的清华同学邓迪，两个人合并了公司，创立了MySee，12个月后更是融进了1000万美金的风险投资。

可想而知，如果高燃当初没有为蒋锡培解围，他很可能就会被忽视，而他的事业很可能因为资金短缺而半途而废。尽管，那只是一个微小的机会，但他因为善于体察别人的困境，善于与人打交道，而获得了一次被赏识的机会，所以获得了成功。

所以，我们要想拥有更多的机遇，除了自身必须有超高的本领之外，我们还必须学会更好地跟别人打交道。而一个二十几岁的年轻人注定比中年人有着更多交往的优势，我们要学会更有效地与人交往，寻找更适合的机遇，这样才能够获得更多的财富。

创造机遇，年轻人要学会做自己的伯乐

每一个年轻人都不想做怀才不遇的千里马，然而，世界上怀才不遇的千里马还是越来越多。韩愈在《马说》中认为：“千里马常有，而伯乐不常有”，因此，千里马通常“辱于奴隶人之手，骈死于槽枥之间”。

现在是一个开放的时代，所有的千里马都应该有机会展示自己，而不必靠别人的施舍、赏识，才有机会。年轻人要学会做自己的伯乐，适时地把自己推出去。主动寻找机遇，才是一个新时代的年轻人首先要学会的事。

韩愈认为，千里马被埋没的原因有三：第一，没有伯乐的赏识，辱于奴隶人之手；第二，千里马一顿要吃一石粟，饲养的人不知道，千里马吃不饱，力气弱，能力特长也施展不出来；第三，驭马时，不能按照规律，不明白马的哀鸣的意思。所以，最终名马被埋没，甚至死掉。对于人才来说，被埋没的理由按照《马说》的比喻也有以下几个：第一，不能得到名人的赏识；第二，遇不到好上司，自觉在上司手下工作是对自己的一种侮辱；第三，待遇不好，或者职位不够，发挥不出自己的能力；第四，世人不能明白自己的志向，上司不知道自己叹息中的寓意，事情不能按照自己说的发展，因此往往事与愿违。所以，机会常常从自己身边溜走，自己也总是怀才不遇。

常常叹息自己怀才不遇的人，总是难展抱负，即使绝好的机会在他们面前也会悄悄溜走。通常叹息自己怀才不遇的都是哪些人呢？通常，他们很有才情，但情绪外露，也就是所谓的“愤青”。一个连自己的情绪都控制不好的人，喜怒形于色，常常悲观愤怒的人，任何一个有理智的上级都不敢招惹，更不会赏识。所以说，这样的千里马不是遇不到伯乐，而是伯乐不愿赏识。想一想自己因为提拔一个“怀才不遇”的“千里马”可能引起的后果吧，也许因为他的愤怒，他的多口多舌引起同事的不满；也许因为他的不知轻重，让自己得罪了不少人；也许因为他的自视过高，使工作各方不能协调，工作不能顺利进展，所以还是不要赏识、不要提拔比较好。

如果我们不是这类的怀才不遇者，只是因为企业的用人制度有问题，或者真的遇到了嫉贤妒能，能力低下，还喜欢争功诿过的上司，跳槽吧！不是每个公司都有那些通病的，但每个公司都有自己的缺陷，找到自己能够接受公司的缺陷、公司也能够接受你的缺陷的企业，是可遇而不可求的。能找到一个可以展现自己的舞台，是一种运气。做适合自己做的事，我们才能尽快地怀才而遇，如果你是一个计算机高手，却让你去做泥瓦匠，我相信你大概不会有机会出头。正像那匹拉盐的千里马将要累死一样。在擅长熟悉的领域做事，可以让你拥有更多机遇。

再者，有很多怀才不遇的人，其实是自视甚高，仗着自己有一技之长，喜欢在关键时刻“卡别人的脖子”，最终导致自己在圈子里混不下去。当然，他本身并不知道自己有这种职业缺陷，所以这需要年轻人警醒和借鉴。

韩总在一次私人聚会上，认识了一位在国企IT部门上班、已年过四十的清华毕业生。经过一段时间沟通了解，韩总发现此人很有能力，尤其对计算机非常精通，而且雄心勃勃，从对话中也感觉不出此人有什么品质问题。

韩总认为这位有才之士发挥不出才能可能是机制的原因，所以就想用一下这位怀才不遇者的计算机才华，于是便和他沟通，准备让其做一些具体工作。随后韩总发现这位怀才不遇者思路敏捷清晰，并且作了一整套工作规划，还附带有时间进度表，非常专业，此时韩总感觉此人真是位难得的人才！于是就决定让他兼职独立开发一套对企业来说不是十分紧迫但比较重要的数据库系统。

工程的初期，工作进展迅速，韩总十分高兴。但是随着往纵深推进，速度渐渐慢下来了，这位怀才不遇者开始推脱说是工作忙，顾不过来，而且工作速度越来越慢。最后在韩总的催促下，这位仁兄提出要采用最新设备，然后又说最新设备衍生出了大批的维护费用等，结果，八九个月过去了，数据库系统始终没有完成。而且他没有设计任何输出端口，最初谈定的早该告知韩总的密码，他自始至终找各种借口搪塞，就是不吐一字。

最终韩总只好就此放弃这套设计系统。就这样前前后后折腾了一年多，费用花费了不少，却没有干成任何事情。韩总自嘲：“我算是被这位怀才不遇者套住了，关键的时候卡我脖子！所以，我还是尽快止损，让他套点利算了。”同时庆幸：“幸亏当初没有把此人正式调过来，要不然还要付出更多的成本。”

其实从上述事件中，我们发现这位怀才不遇者犯了一部分专业技术人才常犯的毛病，那就是靠自己的专业技术在关键的时候卡脖子。而且想卡脖子又不直说，让被卡者慢慢去悟，明白了赶紧“上供”，不明白继续卡你，明白得越晚让你付出的代价越高。那位怀才不遇者之所以最初要的待遇条件很低，也不是他的本意，而是诱你上钩，一旦钩住你，就开始从你身上一块块往下撕咬，贪得无厌。

有这样职业缺陷的人，不但在职场做不好，怀才不遇，即使是自己创业，也会因为贪婪无度，使自己的事业无法维系。

所以，怀才不遇，是有一定原因的，它固然和外在环境有一定的关系，却不是必然的。如果我们想要过得更好，还要在自身内部寻找原因。我们中有很多人，掌握着一笔大业务，但如果老板的待遇达不到他们满意的程度，他们就会让老板付出更大的代价。这种想法是不对的，一个人应该重视自己的承诺，如果你不满意自己的待遇，尽管在做完一阶段工作后再提出，而不是在关键时刻为难别人，否则就很不道德。而且，你会一生都怀才不遇的。

二十几岁时，我们可能会出于一时的原因，不能施展自己的抱负。但是，是金子总要发光的，如果因为暂时遇到了不可抗拒的困难，我们可以厚积薄发。只要我们主动寻觅机遇，不断磨炼自己，终有一天，我们会实现自己的价值。

可以说，今天这样的局势，比以往任何年代都要自由，都有更多的机会，就看我们能不能利用好，不想做怀才不遇的“千里马”，就一定要主动掌握和创造更多机遇，做自己的伯乐。即使暂时怀才不遇，我们也一定要相信自己必能做一番大事，正所谓“长风破浪会有时，直挂云帆济沧海。”

利用机遇，把所有的风险降到最低

二十几岁的年轻人一定要明白，机遇同时也意味着挑战，它是与风险共存的。无论你是想获取财富，还是想得到名望、地位，或者想过平凡的生活，只要有机遇在的地方，就有风险，你就要迎接挑战。而一个善于利用机遇的人，会把所有的风险降到最低，把机遇彻底变成成就。

因为机遇是几年、十几年甚至几十年才会降临一次的，那就意味着竞争者众多。同时，机遇也意味着要把一个人推到众人面前，推到财富面前，推到地位面前。这样的事，是每个人都渴望的。在机遇面前如果你成功了，就会一朝闻名天下知；而如果你失败了，等待你的也将会是残酷的打击。机会是一个向众人展现自己的舞台，舞台风光的背后是对自身抗压能力和风险承受能力的一种考验。只有我们勇敢地迎接这种挑战，才会有达成自己目的的可能。而一味地退让，只能让机遇从自己面前溜走。

自信地把握机遇，利用机会成功，是一件有风险的事，只有我们有能力把风险降低，才能保证自己不会陷在尴尬的境地，才能好好利用机会。

梅兰芳在出名以前，一直在北京唱戏，因而没有得到南方民众的认可。因为当时流传的习俗是不到上海不能成名角。就在这时，曾和他同台演出的名角谭鑫培老人给了他一个机会，老人要去上海演出，决定将自己的压台大戏改在倒数第二个曲目，将压台机会让给了梅兰芳。

当时，如果能唱好大轴，梅兰芳就可以算功成名就了。但是，唱大轴并不是一件简简单单的事，如果一旦失败，梅兰芳再让观众认可就难了。他并没有犹豫，但也没有盲目自信，他立刻找来了自己的幕僚们为自己出谋划策。比如，上海观众喜欢什么风格的戏，怎样的戏可以避免吃力不讨好，怎样演才会让人难忘。毕竟，这是他在上海第一次唱戏，必须由当地人作参考才可能取胜。结果，他选择了上海人喜欢的热闹的武戏，即其中既有打又有闹，又有眉目传神的表情戏，但是又很少有人演过的《穆柯寨》。然后在演技方面请教名家，指出自己的缺点。他从没演过贴扎靠（穆桂英背后的旗子）的戏，总是习惯性低头，临时改是来不及了，于是让一个人坐在离戏台最近的地方提醒他，一旦他低头了，那人就打开扇子。两天两夜地谋划下来，大家确实为他提出了不少好点子，从选曲目，到表演细节，到邀请贵宾，都有他幕后策划人的功劳。

结果，梅兰芳就凭着一出《穆柯寨》在上海一炮走红，继而风靡了整个江南。

如果没有谭鑫培给他提供的机会，梅兰芳的戏就不可能那么快打到上海。没有他的扎实基本功，一切也会毁于一旦。如果没有梅兰芳及时把握机遇，迎接挑战，他可能只能唱到北京。如果不是幕后的策划降低了失败的风险，仅凭梅兰芳一个人，他可能不会一败涂地，但至少不会那么快风靡大江南北。

所有的机遇，都隐藏着一定的风险，如果我们善于利用机遇，就能够快速达到目的。所有的机遇，同时也是障碍，这就看我们从什么角度去看，只要我们足够乐观，拥有足够的智慧，就能把障碍变成机遇，把压力变成动力，把风险化为财富。

1835年，犹太人约瑟夫投资了一家火险公司，这家保险公司的规则是：顾客发生大火灾时，公司得赔付预先确定比例的钱；假如不出火灾，当然是稳赚不赔的生意。投资这种公司，出钱并不重要，重要的是公司向客户的承诺。

他投资后不久，纽约发生了一件特大火灾事故。很多同行认为自己要赔大了，纷纷低价转让股份。然而约瑟夫剑走偏锋，买下了所有股份。当然，为凑够赔付的钱，他甚至卖掉了经营多年的旅馆。不久，他就到纽约赔款，还清了债务。这之后他的公司信誉提高了，约瑟夫把保险金提高了一倍，但是还有很多客户在他的公司投保。于是，在这场火灾中，约瑟夫不但没有赔钱，还净赚了15万美元。

虽然冒了不小的风险，约瑟夫还是抓住了这次机遇，好好地利用了这次火灾机遇，提高了自己公司的信誉，在商场上，信誉也是一种财富。对比今天某些保险公司在赔付方面一直拖拖拉拉，甚至于减少赔付额，不予赔付等，约瑟夫的眼光是多么长远，又多么善抓机遇啊！每个人至少有十个亲朋好友吧。要知道，如果有一个客户对你的赔付态度不满意，你就会失去潜在的十个客户。机遇也是挑战，只有善于把握机遇、利用机遇的人，才会把梦想变成现实，而那些不想付出、不想冒险的人，只会坐失良机。

二十几岁的年轻人一定要明白这一点，一定要善于利用机遇，才会成功。机遇并不是财富，机遇也并不是名利，机遇只是一个切入点，如果利用得好，你就会得到想要的一切。只有把机遇看成挑战自己、和他人竞争的好机会，并勇往直前，用智慧和策略把一切不利于自己的因素消灭掉，我们才可能借这次机会达到目的，最终成功。

第7章

富贵险中求，年轻人解开束缚放手一搏吧

新时代的任何一个年轻人，都是渴望成功的，渴望出人头地，闯出自己的一片天地，但成功并不是空有满腔热血就能获得的，那些成功的人，也无不是在冒险中求稳定、胆大而心细的人。为此，年轻人，你要记住：对于梦想和信念，一定要乐观向上，坚信自己能成功，而对于现实行动，绝不能胆大妄为，在关键时候，即真正要干的时候要特别慎重，反复推敲，小心谨慎。也就是说，冒险也一定要理智，绝不能冲动。

想要拥有财富，先要像富人一样思考

美国哈佛大学商学院教授理查德·泰德罗倡导尊重金钱，提出“金钱是最没有偏见的”这一观念。对此，我们肯定会不赞同，觉得自己辛辛苦苦，却并不比老板得到更多的金钱，觉得目前的分配制度是不公平的。

其实，所有的一切都源自于我们对于金钱的态度。对于财富不屑一顾的态度固然不可取，这让人得不到更多的金钱；然而对于财富一刻不肯撒手的“守财奴”更少了很多生活的乐趣。无论是生活还是财富，幸福最终只会被执着于它的人得到。在我们还没有拥有金钱的时候，我们一定要学会像拥有财富的人一样思考问题，这样财富才会向我们蜂拥而来。

二十几岁时，我们一定要知道，金钱的流通是有一定的规律的，只有我们掌握这种规律，我们才能够保证金钱会向着我们的口袋流过来。穷人没有掌握这种规律，做事杂乱无章或者逆规律行事，所以会越变越穷。而这种规律，学校并不教给我们，我们也不能从学校教育中得到。学校只教给我们为别人工作的本领，从不教给我们让钱为我们工作的本事，所以，我们要学会这种规律，只有从富人的一言一行、思考方式方面去揣摩。

要想赚钱，思想一定要先于行动，我们一定要学会像富人一样思考，才会像富人一样做事，最终才能跟他们一样拥有财富。富人和穷人之间最大的区别，不是简单的钱和资产上的悬殊，而是观念和思维方式的不同。在这方面，富人的子女和亲人能够通过他们的日常行为，受到潜移默化的影响。而穷人的孩子则有了这方面的限制，他们从小接受的就是不同的观念，他们甚至很少知道财富的价值，思想的重要性，改变起来自然艰难。

就像网上的一个笑话，一个人说："等我们有钱了，豆浆买两碗，喝一碗倒一碗；等我们有钱了，保镖请两队，一队背着一队走。"穷人的消费观就是这样。记得彩票刚刚发行不久时，几个哥们儿聊天，"中了五百万元干什么？"他们中间有说买房的，有说买车的，有说先去旅游，有的说要投资。智者说穷人："如果你给他十元钱，他就会考虑吃一顿好饭；如果你给他一百元，他就会给自己置一套不错的行头；如果你给他一千元，他就会考虑出去旅游一次。这样的观念不改变是致不了富的。"

视野的狭窄有可能限制我们的思维，所以我们只会安分守己地工作——赚钱——花掉——工作，从来没有想过其他的可能。

我们中的大多数人生活在穷人中间，久而久之，心态成了穷人的心态，思维变成了穷人的思维，行为模式也是典型的穷人模式，就算有一天我们遇到了飞来横财，我们也只会按照我们认定的方式去处理钱财。没有赚取财富的头脑和眼光，没有辨别真假赚钱之道的慧眼，再多资产对于我们来说也不过是一笔死钱，永远不能够通过一定的手段给我们带来更多财富。

世界上为什么会有风险投资，为什么有些人持有着大把资产却找人合作？或者只求一个好点子？为什么有人投资失败，一夜之间会一无所有，几年之间又会从负债几个亿变成身家几亿的富翁？而为什么另一些人的生活就像古井一样千年无波？真的是命运如此吗？

不，富人有自己信奉的一套哲学，有自己独到的眼光和观念，所以，他们会越来越富。而穷人信奉知足常乐，信任一切稳妥可靠的东西，宁愿一辈子打工，所以，无论挣多少钱，如果没有自己的事业，没有自己独到的观念，那么，他就是一个穷人。

有人学着怎样投资，他就是老板；有人学怎样管理，他就是经理；有人学怎样把别人吩咐的事做好，怎样分析老板的脸色做事，怎样要求加薪，他只是一个打工仔。学习的东西不同，让我们成为不同的人。有人说，办公桌前面的人永远不知道桌子后面的人在忙些什么，所以，他会变得贫穷，一个人如果要想富有，就要向办公桌后面的人学习，首先就是要学习他们的思维模式。

比如，把所有的挑战、障碍都看作机遇；对于所有看起来没有价值的东西，找到其可能附加的价值；热爱一切新鲜事物，并把它们和财富联系在一起；尊重金钱，享受财富。

要想使自己成为一个富人，首先应该“自知”，即对自己有一个清晰的认识，如果你的观念现在已经跟不上时代的脚步，那你就将变成一个穷人。让自己拥有富人的思想，比拥有财富更是一件刻不容缓的事情。学会像有钱人一样思考，是一个年轻人在没有成熟的阶段就要拥有的本事，否则，你的财富观念一旦定了性，就是很难改变的。所以，趁你现在对金钱还没有形成一个成熟的观念，马上学一学有钱人的金钱观吧！

敢于冒险，才能成为你想成为的人

康德曾说过：“人的心中有一种追求无限和永恒的倾向。”这种倾向的最直观的表现就是冒险。人在二十几岁时很有必要历练自己的冒险精神，以使自己的人生呈现金色。

美国人派吉曾写过一段著名的话，题目叫《只为今天》，在美国广为流传。其中一点他特别强调——“只为今天，我要用三件事来锻造我的灵魂：我要为别人做一件好事；我还要做一件我并不想做的事；更重要的是我要做一件我不敢做的事。”

有些年轻人不敢冒险是因为总担心失败，失败后连现在拥有的东西恐怕都要失去。他们总会找出各种各样的理由，来使自己不去冒险。最后，他们一事无成，只能羡慕地望着别人，看着别人在勇敢冒险之后过着富足的生活，而自己却在一味的思前想后中，安安稳稳地毫无突破，仍在原地踏步。

还有些年轻人不去冒险是因为畏惧困难，一件件难事要自己去摆平、一个个痛苦要自己来承受，想起来就心惊胆战。于是他们便将所有的事一股脑儿地推给了别人，不管是有意义还是无意义的事，而当别人历尽千险得到掌声和鲜花后，他们又后悔当初不该将机会拱手相让。

有些人害怕去冒风险是因为他们习惯了安逸，他们总停泊在幸福的港湾里风平浪静，无比留恋已经占有的舒适并因此感到满足。毕竟，冒险常常会是失败的导火索，常常意味放弃到手的一切，意味着要面对无尽的风风雨雨。

记得一位哲人说过，对于那些害怕危险的人来说，危险无处不在，坐吃山空是他们未来注定的结局。

生活中有些事情看起来很难，其实不然。许多令我们害怕的事情难就难在走出第一步。第一步所需要的勇气和胆识，超过了事情本身。人的勇气和冒险精神并非与生俱来的，许多人本身能力并不差，但是因为不敢走出第一步，失去了很多锻炼自己、提高自己的良机。只有敢于冒险的年轻人才能成为这个世界的强者，才能在历史的画卷上抹上浓墨重彩的一笔。

无论是哥伦布发现的新大陆还是阿姆斯特朗在月球的火山粉尘上印上的那个脚印，都凝聚着人类伟大的冒险精神和奋进力量！李时珍走遍名山大川，不怕自己中毒，冒险尝遍了百草，因而写出了著名的《本草纲目》。人类的好奇心，产生冒险的冲动，点燃了文明的火炬。人类在探索宇宙、探索自然的过程中，如果没有一代又一代的先驱冒着失去生命的危险，抱着英雄般悲壮的精神，坚决地向未知探索，人类探索未知世界的步伐能持续多久？正是因为人类的血液中沉淀着的勇于冒险、敢于奉献的精神，才不断鼓舞着后人继往开来，人类的文明才能不断繁荣，一个个伟大的人物才得以横空出世。

年轻人一定要培养自己的冒险精神，如果一个人年轻时遇到困难的事不敢面对，那么他在以后的人生路上再碰到同样的事时还是会畏惧，他就永远不会得到提高。当一个二十多岁的人鼓起勇气做了一件曾经让他害怕却有意义的事情，那么他就已经进步了、提高了。当他坚定地走出了第一步，去进行有意义的冒险，相信在不远的将来，他必然会成为一位充满信心、勇气的职场"勇士"。

过分审慎会让你错失良机

年轻人一定要知道，有机遇，就会有风险。当面对机遇时，如果我们过分审慎，瞻前顾后，就容易错失良机。我们要做的事就是先把机遇抢过来，然后再逐渐排除风险，这样就有很大机会获得成功。

你想不想成功，想不想获取财富，有没有机会？我想大多数人是有想成功的想法的，也曾经有各种各样的机会，只不过大多数人在面对机遇时总免不了畏首畏尾，结果不是将时机拱手让人，就是走晚了一步，落在了别人的后面，更有甚者永远也没有出手，导致一生的遗憾。

我们中的很多人都希望得到财富，也不是不知道该怎样做，而是不敢真的去做。就是这样的不敢让我们错失了一次又一次机会，最终一生颓废。面对生活中的机遇，很多人不去想一万，而去想万一，万一失败了，我将一无所有；万一失败了，我连平稳的生活都不可能了；万一失败了，我将没有勇气继续下去，结果越想越可怕，人生无数的可能性在这种犹豫和等待中化为乌有。其实，生活中的万一是很少的，我们完全可以用自己的智慧把这种万一排除掉。

面对机遇，浮躁莽撞固然不可取，裹足不前却有更大的风险。炒股固然可能输掉你的本钱，但以目前的市场环境看，在银行里存你的钱财，最终肯定要被通货膨胀吃掉。前者只是可能输掉，后者却是一定贬值，所以长期来看，钱财存在银行里，是风险很大的。跟这个道理一样，永远不冒险的人，一生中会冒最大的险。想一想那些一生都勤勤恳恳地工作，最终却只能拿着有数的保险金过活的工人吧，他们一生从没冒过险，但他们的生活是多么危险啊，如果失业、得病或者遇到重大事故，他们甚至连自己的生活都自顾不暇。而那些一生都在冒险的商人，他们不断冒险，不断失败，但他们中的不少人成功了，除了那些半途放弃的人，多数坚持的人在晚年都过着悠闲富裕的生活，他们不怕失业，不怕病症，不怕自然灾害，生活中的风险要比那些不敢冒险的人少得多。

只要你生而为人，人生就是一次大冒险。面对有风险的机遇，我们要做的就是第一时间把机遇抓住，而不是先算计清楚，再决定抓不抓住这次机会。如果我们没有必胜的把握，或者风险大过了我们的承受能力，或者风险与收益不成比例，或者条件真的不成熟，我们也可以到时再决定把这次机会拱手让给别人；而绝不是等待万事俱备后，再抓机遇，因为那时，机遇也许就错过了。事情永远都是在发展的，该出手时不妨就出手，条件成熟了，就会有更多的人来抢机遇，那时，机会就不再属于你了。

19世纪80年代，在利马地区发现了一个大油田，但因为含碳量高，被人们称为“酸油”，当时还没有有效的方法对它进行提炼，所以“酸油”的售价很低，只卖一角五分一桶。而正常的石油售价是一元一桶。当时的石油大王洛克菲勒认为这种石油总有一天会找到方法提炼，所以，执意要买下这个油田，但遭到了董事会的反对。可他宁愿自己冒更大的风险，个人拿出了300万美元，同时说服了董事会，执行了这一决策。两年后，这种“酸油”终于有了提炼方法，油价一下子涨到了一元，他的公司在利马建造了全世界最大的炼油厂，盈利猛增了几亿美元。

如果，洛克菲勒等到“酸油”有了提炼方法才去买利马油田，相信不仅他付出的代价更大，而且利马油田将不是被一个人看中，而是有了许多竞争者，这就不是钱能够解决的问题了。

面对机遇时，审慎的态度固然重要，然而，一味地审慎，不断地核算利益与成本、风险和收益之间的关系，会让我们丢掉机遇。任何事情，要保证万无一失是不可能的。万事俱备的结果很可能是东风已经刮过去了，所以，东风一来，即使我们还有些小准备没有完善，也必须马上借着东风起航，一边开战一边作准备。大多时候，我们对于机遇的把握，不是凭着精密的算计，而是凭着多年的经验，凭着直觉，机会来了，你就感应到了。而等你拿起自己的金算盘算出了结果，往往机会已经走了。所以，在感到机会来的时候，马上抓住它，不要顾东顾西，怕这怕那。等到掌握好了机遇，再作周密计划，比如，如果出现了什么情况，要怎样应对；出现了另一种情况，又要怎样应对。既不盲目乐观，又不灰心丧气，准备好几套应对方案和应急措施，就会把风险降下来。

计划周详，将风险降到最低

众所周知，财富是伴随着风险而来的，当我们发现一个机会，如何把这次机遇变成一次成功并不是那么简单的事。把风险排除掉，很大程度上是靠着周密的计划，遵循规律。

人生很多时候，就像赌玉，在石头锯开之前，没有人敢百分之百确定里面是藏着巨大的惊喜还是一无所有。但是，长期赌玉的人都知道，怎样的石头有着藏玉的最大可能。看色泽，看纹路，看裂缝，看润泽程度，这些规律可以很大程度地避免你的损失。藏在石头里的玉尚且有章可循，何况是人世间的事情呢？

规避风险也有着它的规律。

第一，只冒该冒的险。不是所有的事情都值得我们冒险一试，也不是所有的利益都值得我们放弃已经到手的财富。我们必须明确哪些险是值得我们冒的，我们冒了这样的险，收益会不会很大。如果一件事一定会失败，这样的险我们一定要放弃。比如，通过某种方式，我们会快速地拥有大量财富，但是这种行为是违法犯罪的，这样的险值不值得冒？显然，是不值得的。犯罪唯一的后果就是被逮捕，无论何时，不被人发现的可能等于零，所以，犯罪不是冒险，犯罪行为也不是具有风险的行为，而是送死的行为。除此之外，还有很多事情不值得我们冒险，比如，风险很大，而收益却不大，风险与收益不成比例，我们不值得为很小的利益冒很大的风险。

马克思在他的著作中说，“如果有100%的利润，就会有人冒坐牢的风险；如果有200%的利润，就会有人冒被杀头的风险。”所以，除非利润足够，否则我们不应该冒太大风险。再者我相信，这是一种夸张的手法，即使达到1000%的利润，我们也不能冒犯罪的风险。

第二，用周密的计划，降低风险的系数。每次抓住机遇之后，投资之前，我们都有必要作一份周详的计划。要先预测一下可能遭遇的风险，并针对每种可能发生的状况，预先设想应变的方案，这种方案最少要有两套，以备一个条件不成熟时启用另一个应变方案。在这个过程中，我们要不断分析，盲目冒险的成分有多少、成功的概率有多少、成功后报酬有多少，并不断地调整评估。尽量把所有风险都掌控在自己的手里，化险为夷。在冒任何风险之前，我们最好都要列出一张风险报酬评估表，将所有因素加以衡量，把所有可以化解的风险因素做好备案化解掉，衡量所有不可能化解的风险，把它和报酬相比较。如果，发生最坏的情况，我们能够承受，并且按照一般的状况，我们的收益值得我们冒的风险，我们就应该冒这个风险。凡事作最好的打算，也要有最坏的准备，不到关键时刻，不要斩断自己的后路，不要做背水一战的事。不是所有事情、所有人都适合“置之死地而后生”，我们要做的就是以最小的风险和成本博取最大的利益。

第三，准确预算自己的心理承受能力。每个人的心理承受能力都是不同的，有人做生意赔掉了几百万元，却认为自己还可以赚回来，还保持着乐观；而有的人丢掉了一百块钱就心疼地吃不下饭，赔掉几千块钱的风险更是让他焦虑、不安、恐惧。即使可能挣再多的钱，精神一直处在高度紧张之下，处在崩溃的边缘，这样的人的决策怎么能够理智正确，心理又怎么能够健康呢？除了精神因素以外，客观的生活条件也影响一个人的风险承受能力，如果一个人总存款只有一万块钱，让他把所有钱都拿出来冒险，甚至借更多的钱进行风险投资，一旦失败，他将背负几十万的债务，他会这样做吗？大多数人都不会，只有一个人的客观条件允许他冒险，他才会承受风险。一个人只有在主观上愿意冒险，客观条件也允许他冒险，风险才不会对他造成太大伤害。任何人，都有承受风险的限度，一旦超过限度，风险就会变成一种负担。

在机遇面前，我们随时都承受风险，唯一能够让我们降低风险的方法，就是把所有危险的因素都置于掌控之中。战争时，甚至连风向都能够事先预测，很少有风险是我们不能够把握的。作好周密部署，并随着状况的不同随时更改计划，风险也许就会降低很多。诸葛亮曾在火烧司马大军时说“谋事在人，成事在天”，其实只要我们积极谋划，天时只不过占千万分之一而已。

我们要学着把握机遇，更要学着化解风险，只有把这两项都学会了，学精确了，我们的能力才算是到家了，我们才有把握赚取到人生的第一桶金。

第8章

先进行思考，思维灵活方能让拼搏不走弯路

曾有人说，头脑是一切竞争的核心，因为它不仅会催生出创意，指导实践，更会在根本上决定成功。而我们应意识到思维决定行动，我们做事的效能如何，也取决于我们的思维活动。因此，思维是改变外界事物的原动力，思考是提高效能的唯一捷径，无论是学习、工作还是追求梦想，我们都要多动脑，从而以最快的速度解决问题，达成目的。

思路开阔，方能走在人先

史蒂夫·鲍尔默先生是全球领先的个人及商务软件开发商——微软公司的前首席执行官。鲍尔默先生于1980年加盟微软，他是比尔·盖茨聘用的第一位商务经理。

鲍尔默从小就很聪明，在上高中时，他的母亲带他参加全国数学大赛，他进入了前十名，因此被誉为数学奇才，拿到了哈佛数学系奖学金，这个大奖帮助他实现了他父亲的梦想——考入哈佛。

鲍尔默1973年进入哈佛。大学期间，他曾担任校足球队队长；为《红色哈佛》报（*Harvard Crimson*）和哈佛的文学杂志工作过；获得了数学和经济学学士学位。

20年后，鲍尔默功成名就后回到底特律私人学校，在开学典礼上他送给新生的忠告是，“打开你的思路，放远你的视线。”他说，“因为永远有想不到的机会你没有想到，你没有看到，可是这个机会会给你带来一生惊喜的突变。”

这是哈佛学子鲍尔默对自己成功人生的精彩诠释。思路开阔、目光有远见的人，常常能够想在人先，走在人前。

在现今这个资讯发达的时代，商机无处不在。许多白手起家的创业者，往往就是因为抓住了一个稍纵即逝的时机，从此顺利地开始了自己的“掘金”生涯。

能致富的人，思路通常能够放得开，眼光通常要比常人看得远。美国汽车大王亨利·福特有一次被别人问到，如果他失去了他的全部巨额财富的话，他将会做什么事情。他连一秒钟都没有犹豫，他说他会想出另一种人类的基本需求，然后为满足这种需求，提供出比别人能够提供的更为便宜和更有质量的服务。他说他完全有把握、有信心在五年之内重新成为一个千万富翁。福特的话可以给我们一个全新的启示：真正敏锐的眼光，是看在潮流之先。

未来是现在的延伸，未来是现在人所创造出来的，所以每一个人都可以通过现在看看大多数人在做什么，找出未来可能会有什么走向。

假如谁能在40年前看得出个人电脑将会成为趋势，他现在就是世界首富了。

当时别人没有看出来，但是哈佛学子比尔·盖茨看出来了，所以他是世界首富，而别人不是。

我们不必要求每个人都有前瞻性的思路，高屋建瓴的眼光，但是只要你从身边的人和事出发，往前看一点点，也许就能获得了不起的成就。

由此可见，一个人在成大事的过程中，要想走得比别人稍快一点，必须具有超前的眼光，看到别人暂时还没有看到的利益。这样他才能赶在别人前面出手，得到更多的收获。

在学子当中，成就大业者很多，但终究只是毕业生中的一小部分。这如同世界上勤奋的人难以计数，但在事业上获得成功的人并不是很多。其原因就在于并不是每个人都有卓越的眼光，都有超前的意识，能看到某个行业未来发展的轨迹。但只要你“打开你的思路，放远你的视线”，抬起头来审视前面的路，你就能脱离平凡，走在人先。

独立思考，别总在别人的套路里局限自己

不管是经商还是干其他的事情，总是在别人用过的套路里打转只会局限自己，这时你应该做的，就是发展自己的独立思想。当经验在大脑里越积越多，甚至形成一种思维定势的时候，总习惯用自己的价值标准和思维模式来评判事物，这就叫作思想僵化。

一般而论，越在机遇面前人的心理越趋于保守，越容易陷入这样的困境，很难适应新的环境。殊不知，时代总是向前，如逆水行舟，不进则退，不坚守自己的独立思想，不创新，终将被淘汰。

匈牙利的一位发明家在20世纪40年代发明了圆珠笔，由于它易于书写和便于携带，所以一经问世便风行全球。这位匈牙利的发明家为此发了财。然而好景不长，这种圆珠笔使用一段时间就会出现漏油的问题，会弄脏纸张及衣袋。因此，圆珠笔上市一两

年后就出现了销售危机。

圆珠笔发明者及很多研究圆珠笔的人对于漏油问题都反复进行了深入的研究，大家都发现毛病出在笔珠书写时受到磨损，墨油就跟随磨损部位漏出来。很多人为此绞尽脑汁，却毫无改善，因为大家的注意一直停留在笔珠的研究上，拼命在提高笔珠的耐磨性上做文章。当他们把笔珠的耐磨性改善后，笔珠与笔杆接触的耐磨问题冒出来了，而此问题一直没得以解决。

在日本人中田藤三郎的眼中，圆珠笔是个很有发展前途的商品，假如能改进它的漏油问题，将会获得比匈牙利发明者更大的财富。于是他也投入该难点的研究。中田分析了圆珠笔的结构及出毛病的原因，也总结了许多人对改进漏油问题的失败经验，最后，他采取逆向思维，找出了防止圆珠笔漏油的方法。所以，中田一举占领了世界圆珠笔市场，获得了远比匈牙利的发明者更多的财富。

中田的做法其实很简单，他是在笔芯上做文章。他通过反复试验，统计当圆珠笔写到多少字后就漏油，在掌握这个数量的基础上，他着手把笔芯的装油量减少，减少到圆珠笔磨损至开始漏油之时，芯子中的笔油已经用完了，这样，再也无油可漏了。笔芯的油用完了，可换支笔芯，圆珠笔可继续使用。就这样，中田没有被常人思考的框框套住，因此巧妙地解决了难题。

对于那些始终保有独立思想的人来说，永远不会跟随众人的思维模式，独辟蹊径，是他们的一种特质。

独立思想是击破思维定势的有效武器，无论是在创新思考的开始，还是在其他某个环节上，当我们的创新思考活动遇到了障碍，陷入了某种困境，难以再继续下去的时候，往往都有必要认真检查一下：我们的头脑中是否有某种思维定势在起束缚作用？我们是否被某种思维定势捆住了手脚？

世界摩托车销量统计发现，每4辆就有1辆是“本田”产品，从这个数字里可以看出，“本田”的销售网是何等之大。不过，如此庞大的销售网，是从日本的自行车零售商店开始起步的。

1945年，“二战”刚刚结束，本田宗一郎弄到500个日本军用的电台小引擎。他将这些小巧的引擎安到了自行车上，结果这种改装的自行车非常畅销，500辆很快就售完了。

本田由此发现了摩托车的潜在市场，成立了“本田技研工业株式会社”，决定开创摩托车事业。

一批批可以装在自行车上的“克泊”牌引擎生产出来了，可是，光靠当地的市场是容纳不了的。本田宗一郎面临着如何将产品推销出去的问题。

本田找到了新的合伙人，他叫藤泽武夫，过去是一位对销售业务自有一套的小承包商。

当本田与藤泽商量如何建立全国性的销售网时，藤泽建议说：“全日本现在约有200家摩托车经销店，他们都是我们这样的小制造商拼命巴结的对象，一向心高气傲。如果我们要插入其中，就得损失大部分的利益。”

“但同时，你不要忘记，全国还有55000家自行车零售商店。”藤泽接着说：“如果他们为我们经销‘克泊’，对他们来说，既扩大了业务的范围，增加了获利渠道，同时又有刺激自行车销售的好处，加上我们适当地让利，这块肥肉他们会吃的！”

本田一听，觉得是条妙计，便请藤泽立即去办。

于是，一封封信函仿佛雪片般地飞向遍布全日本的自行车零售商店。信中除了详尽介绍了“克伯”引擎零售价25英镑，还表示会回扣7英镑给他们。

两星期后，13000家自行车商店作出了积极的反应，藤泽就这样巧妙地为“本田技研工业株式会社”建立了独特的销售网。本田产品从此开始进军全日本。

成功者说，财富是“想”出来的。人不但要养成思考的好习惯，还要始终坚守自己的独立思想，同时扩展思考的范围，开阔思路，扩展思维，这样才会更好地、更大限度地获取有益的信息，促成自己获得辉煌的成就。

头脑灵活的人更有打拼的出路

在现实生活中，我们不难看到这种现象：很多公司的老板都是低学历的人，而手下打工者，不乏硕士、博士。这种现象在开放的社会已经较为普遍，我们并不是说这是一种必然，但从一个侧面可以看到，那些头脑灵活、拥有思想的人在这个社会更有打拼的出路。

现如今，不管你是否已经走出校门，你都会感到消费支出在迅速增加，而自己的腰包却越来越空。由此，我们经常调侃着憧憬自己一夜暴富的离奇经历，但酒足饭饱之后，一觉醒来，生活依然如初。

一位心理学家称，每个人都容易羡慕别人，因为在比较中，你总会发现比你优越的人。很多人不禁感叹，自己何时能赶上别人，能买房买车，能一夜暴富？世界著名的成功学大师拿破仑·希尔著有《思考致富》一书，在书中，他提出是“思考”致富，而不是“努力工作”致富。希尔强调，最努力工作的人最终绝不会富有。如果你想变富，你需要“思考”，独立思考而不是盲从他人。对于多数人来说，把思考和金钱联系在一起的，就是创意。

创意不是高深的科学技术，它的起源常常是有心人的灵机一动，不需要经过严谨的学术训练和精密的理论论证。对于创意，任何一个人都可以与之亲密接触，我们在自己的实力微不足道的时候，如果能有好创意，常常会达到事半功倍的效果。

曾听一位教授讲过这样一个故事：

因出产夏普牌电视机闻名的早川电机公司董事长早川德次，很小的时候双亲与世长辞，他在小学二年级时，就去一家首饰加工店当童工。

但早川并不自暴自弃，小时候就想："在这世界上没有疼爱我的双亲，也没有关心我的长辈，我的处境比任何人都悲惨，但只要我努力生活，就不会输给别人。"

他进入首饰加工店之后，每天所做的工作就是照顾小孩、烧饭、洗衣服以及搬运笨重的东西。

这样年复一年过了4个春秋，有一次他鼓起勇气对老板说："老板，请您教我一些做首饰的手工好吗？"

老板不但没答应，反而大骂道："小孩子，你能干什么呢？你喜欢学的话，自己去学好了！"

早川想，真的，不靠别人，要亲自去学，亲自思考，亲自去做。

以后老板叫他帮忙工作时，他尽量用眼睛看，用心学，这样一切有关工作上的学识和技能，全部是靠自己偷偷学来的。

他的苦苦挣扎与努力终于没有白费，使他成为了一位心灵手巧又富于创意的人。十八岁他就发明了裤带用的金属夹子，二十几岁时发明了自动笔。他有了发明，老板便资助他开了一家小工厂。

这种自动笔很受大众喜爱，风行一时。世界没有给他任何东西，他却给了世界很多。三十岁时，他在赚到1000万日元以后，就把目标转向收音机界，设立了平川电机公司。

每个人都有独立的思考能力，当你把这种能力转变为创意时，你的生活现状也许就会发生质的改变。商人说，创意无法标价，因为它实施后所创造的价值是无法估量的。

年轻人在刚刚步入社会时，一般很难立即拥有发财致富的机遇，这也符合踏实肯干、付出才能有所收获的道理。也许我们此时实力不足，但如果能有好创意，常常会达到事半功倍的效果。

在日本横滨市，有一家名叫“有马食堂”的餐馆，其外表非常平凡，内部装修也十分简单，一直以来只能勉强维持。后来，餐馆经理看到一个女服务员系着一条图案十分有趣的围裙，引得小孩子们围着她转，于是他灵机一动，决定给顾客带来的小孩送上一条绘有动物图案的纸制围裙。

这条纸制围裙价值30日元，图案是当场画上去的。由于孩子们用完餐后能将这条围裙带回家去，所以他们特别喜欢来此用餐，即使没有座位，也要站着耐心等待。为人父母者，看到孩子们得到围裙时欣喜若狂的样子，自然也十分开心，只要一有机会，就带孩子前来光顾。

创意人人都有，但它更青睐于细心观察生活并随之跟进的人。一位哈佛学生在毕业后建立自己的企业时说：创意是改变生活的加速度，它可以不是一件实实在在的产品，而是一种另辟蹊径的思维方式。

英国伦敦开了一间女人旅店，叫丽芙酒店，旅店开张之后，立即大受女性欢迎，因为在这里，性骚扰、窥视和挑逗无任何用武之地。酒店的老板说：“一个女人单独入住酒店，经常会惹来怀疑的眼光，不是被视为妓女，就是被当作勾三搭四的荡妇，而且经常受到低劣的服务。酒店大堂挤满男人，入住的单身女性会觉得很不自然，很不舒服，而住在我们酒店的女士普遍都有一种安全感，因为不会受到任何骚扰。”

这就是创意，简单地说，它就是一种独辟蹊径的思路。创意不需要你凭空设计一种全新的东西，它可以只是在原来基础上的改进一点点，别轻视这一点点，只要运用巧妙，完全可以点石成金。

思路决定财富并不是一句空话，处于困境中的人，如果有心要撬动财富的世界，改变自己的人生历程，只要头脑灵活，感觉敏锐，创意便是你手中最有力的一根杠杆，它可以影响人生的成就和财富的流向。

拥有属于自己的成功底牌，打拼出不一样的人生

从前，有一位中文系的学子酷爱文学，他苦心撰写了一篇小说，请一位著名作家指教。因为作家正患眼疾，学生便将作品读给作家听。读到最后一个字，学生停顿下来。作家问道：“结束了吗？”听语气似乎意犹未尽，渴望下文。这一追问，煽起学生的激情，立刻灵感喷发，马上接续道：“没有啊！下部分更精彩！”他以自己都难以置信的构思叙述下去。

到达一个段落，作家又似乎难以割舍地问：“结束了吗？”

“我的小说一定是精彩绝伦，叫人欲罢不能！”他这样想

着，心里更加兴奋，更加激昂，更富于创作激情。他不停地往下接续……最后，电话的铃声骤然响起，打断了学生的思路。

这时有客人到作家家里做客，他们的交谈被迫中断了。作家说，“其实你的小说早该收笔，在我第一次询问你是否结束的时候，就应该结束。何必画蛇添足，狗尾续貂？该停则止，看来，你还没把握情节脉络，尤其是缺少决断。决断是当作家的根本，否则，拖泥带水，如何打动读者？”

学生追悔莫及，想想作家的意见，觉得自己的性格和情绪易受外界左右，不能沉下心来，把握作品的主旨，恐不是当作家的料。

没过多久，这个学子遇到了另一位作家，羞愧地谈及往事，谁知这位作家惊呼：“你的反应如此迅捷、思维如此敏锐、编造故事的能力如此强，这些正是成为作家的天赋啊！”

不同的两位作家，从不同的方面给予了截然相反的两种评价。学生听后，不禁茫然。

美国职业足球教练文斯·伦巴迪当年曾被批评“对足球只懂皮毛，缺乏斗志”。贝多芬学拉小提琴时，技术并不高明，他宁可拉他自己作的曲子，也不肯作技巧上的改善，他的老师说他绝不是个当作曲家的料。但他们都勇于走自己的路，不被别人的意见和评论所左右，最后取得了举世瞩目的成绩。

蒙提·罗伯茨在圣司多罗有个牧马场，他在一次活动的致辞里提到这个故事：

初中时，有一次老师叫全班同学写作文。那一晚，一个小男孩费了很大的心血把作文写成了，他描述他的宏伟志向，那就是拥有一个属于自己的牧场。他仔细地画了一张200亩牧场的设计图，上面标有马厩和跑道的位置，在这一大片农场中央，还要建一栋占地400平方米的豪宅。

两天后他拿回了作文，看到第一页上打了个又红又大的“F”，小男孩下课后带着作文去找老师：“为什么给我不及格？”老师回答说：“你小小年纪，不要老做白日梦。你没有钱，没有家庭背景，什么都没有，你别太好高骛远了。”他接着说：“如果你肯重写一个不怎么离谱的志愿，我会重新给你打分。”小男孩回家反复思考了很久，然后征询父亲的意见。父亲对他说：“儿子，这是非常重要的决定，你必须自己拿主意。”经过再三考虑，这个男孩决定原样交回。他告诉老师：“即使拿个大红字，我也不愿意放弃梦想。”

“我讲这个故事，是因为各位现在就在这200亩农场内占地400平方米的豪宅里，那份初中时写的作文我至今还保留着。”罗伯茨对大家说，“有意思的是，两年前的夏天，那位老师带了30个学生来到我的农场露营一星期，离开之前，他对我说：‘蒙提，说来有些惭愧，你读初中时我曾泼你冷水，幸亏你有这样的毅力坚持自己的梦想。’”

每个人都有自己的特点和优势，别人对你的简单评价，不足以反应你的真实情况。做人要有自己的主见，还要有充分的自信，相信自己的判断力，不要轻而易举地听从他人的意见，而改变自己的主张。每个人的使命终究还要靠自己来完成，你人生的目标，是独一无二的，是专属于你自己的。它神秘而又绚烂，值得你用一生去追求。

人要从没路的地方走出一条路来，不要泯灭了自己的个性，一味地模仿别人。那样只会迷失自我，连自己的命运自己都把握不了。“走自己的路，让人们去说吧！”我们对但丁的这句名言并不陌生。可是，我们在生活中是否能信奉它、实践它呢？

要知道，在这个世界上，生活着70亿各自具有不同特质的人，在他们各自的生活轨迹中，至少也存有上亿种成功模式。当我们每一个人特定的优势与劣势、需要与理想是如此与众不同时，怎么可能存在有一种放之四海而皆准的成功模式呢？

人生只属于自己，一味遵循他人的思想、不敢面对真理是懦弱的表现，这样的人生是悲哀的。我们应该成为主宰自己命运的人，走自己的路，走出自己的风格，走出自己的个性，我们的人生才会是独特的，才会是精彩的。

而且，如同我们每一个人有不同的生活轨迹一样，每一个人对成功的定义也是截然不同的。成功与否并不取决于你渴望的目标大小，而是取决于你达到目标后的满意程度。也就是说，每一个人都应该有自己的人生，有自己的成功之路，在这条成功之路上，都应该有属于自己的成功底牌，打拼出自己不一样的人生。

有什么样的想法，就会有什么样的命运

在2005年圣诞节的前夕，一位名叫汤玫捷的学生收到了哈佛大学的本科录取通知书，以及每年4.5万美元的全额奖学金。据了解，这种提前录取的情况，中国只有一个，亚洲也只有两个。它意味着，哈佛这所全球顶尖名校，视她为最符合哈佛精神、最需要提前抢到手的优异学生。

能进哈佛的人，一定是学习成绩最优秀、考分最高的学生。但汤玫捷所在学校的老师对她给予了这样的评价：她不是我们学校成绩最好的学生，她从来没有在各类数理化竞赛中摘金夺银，甚至连奥数课都没有上过。

这不禁让许多学生费解，哈佛凭借什么标准招收学生呢？

拿起哈佛入学的申请表，你会发现，除了我们熟悉的考试成绩之外，还有学术背景、社会工作、兴趣爱好、老师推荐信等等，外加两篇小论文。汤玫捷担任过学校的学生会主席，辩论队成员，还作为交换学生，到美国著名私校西德威尔中学学习过一年。甚至在那里，她也被好表现的美国学生称赞为“学生领袖型的人才”。

一位哈佛教授说，哈佛不需要只会考试的应试机器，他们要求学生：有鲜明的个性；有学术精神；有领导能力。哈佛所培养的是国家未来的精英，是在政治、法律、金融、管理和学术各个领域的顶尖精英。哈佛重视的是一个年轻人的综合素质，从知识

的适应能力到创造精神，从博雅文化到领袖气质。哈佛需要和培养的是有思想、有想法的人，他们坚信，只有这样的学生，才能推动人类社会的快速进步。

不仅是在哈佛，在其他领域，那些有想法的人，也同样更容易受到重视，他们的发展潜能更加巨大。哈佛人懂得，不管在任何关键的时候，正确的想法都是解决问题的唯一途径。想法是大脑的活动，人的一切行为都受它的指导和支配。想法虽然看不见、摸不到，但它真实地存在着。有什么样的想法，就会有什么样的命运。

在现实生活中，我们常听人说，“我一天到晚都很忙，忙得都没有时间去想。”然而，就是“没时间去想”这五个字，成为成功与失败的分水岭。平庸的人只知道“埋头拉车”，而那些睿智的人却努力想出解决事情的最好方法。

纵览名人的成败史，你会发现，所有伟人的成就在开始时都不过只是一个想法罢了。

中国一位传奇的民营企业家也有句名言：“没有做不到的，只有想不到的。”对于敢“想”、会“想”的人来说，这个世界上不存在困难，只存在着暂时还没想到的方法，然而方法终究是会想出来的。所以，对于有想法的人来说，一切困难都会止步于他们的脚下，而成功则会大步流星地向他们走来。

第9章

坚持下去，向梦想进发，终有一天会到达

有人说，梦想可以燃起一个人的所有激情和全部潜能，载他抵达辉煌的彼岸。每一个年轻人，都要尽早为自己树立一个梦想，而最重要的是，无论你拥有什么样的梦想，都不要轻易舍弃它。只有坚持，你才能最终用自己的力量去创造自己的美好人生。

找对方向，确定目标，做对事

我们任何一个人都明白，人的行为是思维决定的，因为思维决定目标，目标指导行动，行动铸就结果。然而，如何做事呢？有人曾这样说：“做正确的事，然后正确地做事。”其实，这本身就是一种思维：做正确的事首先让你知道自己正在向哪个方向前进；正确地做事告诉你怎样到达目的地。所以，做事的准则就是：找对方向，确定目标，做对事。

的确，人生不能没有目标，如果没有目标，你就会像一只在黑夜中找不到灯塔的航船，在茫茫大海中迷失了方向，只能随波逐流，到不了岸边，甚至会触礁而毁。而在做任何一件事前，我们也都必须作好计划，计划是为实现目标而制订的方法、策略，只有目标，没有计划，往往会顾此失彼，或多费精力和时间。我们只有树立明确的目标，制订出详尽的计划，才能投入实际的行动，才能收获成就感和满足感。

小陆两年来已经跳了五次槽了。在这两年的时间里，她先后从事了四份性质不同的工作：民办学校的教师、教育机构的咨询员、办公器材的销售员、保险的推销员。这四份工作只有教师与她的专业对口，其他都是在招聘单位急需用人她也急需工作的时候达成的，那时单位不考虑她的专业，她也不考虑工作的性质，她只看薪水和招聘单位的承诺，只要薪水满意或者未来的薪水可以让她满意，她就做。

就这样，她就像走马灯似的换了四家单位，换了四种工作。

这一次，小陆拿着她的中文简历找到一个猎头，希望猎头能为她翻译一份英文的简历。她说她看好了一家各方面都不错的外资企业，薪水尤其诱人，所以想制作一份英文简历试试运气。

这位猎头一看这份简历，发现这还是她大学毕业时用的简历，只是在工作经历一栏多了几行字，也从工作经历里看出来这不是一个应届毕业生。猎头摇了摇头。

看到猎头的反应，小陆其实也明白自己的工作经历没有什么说服力，于是，她在叙述工作经历的时候一笔带过，而且把自己的四次跳槽进行了排列组合，将四次改成了两次。

这里，单从小陆工作的种类上来看，她所从事的职业类型无疑是丰富的，经历也是复杂的。但是这种经历在质量上很难让人信服，实在是缺乏说服力。为什么会这样呢？因为她没有明确自己的职业目标，不知道自己要做什么，能做什么，最终导致失去了职业方向。小陆的经历告诉年轻人，我们要掌握在职场的主动地位，最主要的就是要有一份职业规划。你需要明确制订未来三年、五年甚至十年、二十年的职业目标，给自己的职业生涯一个定位。这就是职业规划的作用，它使你能时刻感知你自己的存在。

美国的一位心理学家曾经指出："如果一个铅球运动员在比赛的时候没有目标，那么，他的成绩一定不会很好。如果他心中有一个奋斗目标，铅球就会朝着那个目标飞行，而且投掷的距离就会更远。"这个比喻非常形象，它具体说明了我们做事树立目标的重要性。当我们有了一个追求的目标时，才会有不懈的努力，向心中既定的目标前进。

那么，生活中的年轻人，具体来说，你该怎么做呢？

1. 制订完善的计划和标准

要想把事情做到最好，你心中必须有一个很高的标准，不能是一般的标准。在决定做事情之前，要进行周密的调查论证，广泛征求意见，尽量把可能发生的情况考虑进去，尽可能避免出现漏洞，直至达到预期效果。

2. 制订计划时不要超过你的实际能力范围，而且内容一定要详尽

比方说，如果你想学习英语，那么你不妨制订一个学习计划，安排星期一、星期三和星期五下午5：30开始听20分钟的英语录音磁带，星期二和星期四学习语法。这样一来，你每个星期都能更实在地接近、实现你的目标。

解放思维，尝试着从新的角度去思考

生活中，我们都有这样的经验，遇到一些棘手的问题，我们常沿着自己的思路寻找解决方法，而事实上，结果却是不尽如人意甚至让我们走进了死胡同，而当我们回过头来反省时，却发现，原来还有一个极为简单的方法。的确，那些原本看似错综复杂的问题，是我们的思维为其安上了复杂的外壳，如果我们能改变视角，转换思维，那么，问题便能迎刃而解。

相信任何一个年轻人都明白，现代社会，思维是一切竞争的核心，因为它不仅会催生出创意，指导实践，更会在根本上决定成功。它意味着改变外界事物的原动力。如果你希望改变自己的状况，获得进步，那么首先要从改变思维开始。

现在，我们来试想一下，当提到铅笔的用途的时候，你能想到些什么呢？可能你会说“书写”，但实际上，这只是铅笔的通常用途，你至少可以得出这样多的答案：绘画、当发簪、做书签、当尺子画线，它削下的木屑可以做成装饰画，在遇到坏人时，削尖的铅笔还能作为自卫的武器……所以，千万不要以为铅笔只有一种用途——写字。这就考验了你的思维能力。

19世纪，在美国西部，掀起了一阵淘金热，千万人涌入那里，虽然成功者不少，但在历史上留名的却很少。但是围绕淘金热成为富人的卖水、卖牛仔裤的商人，则成了一个个的传奇被后人敬仰。原因就在于，淘金者干的是力气活，围绕淘金服务的成功者，干的是脑力活，善于思考者才能不断成功。牛仔裤的发明者李维·施特劳斯，就是淘金热里面的不朽传奇。

李维·施特劳斯，第一个发明牛仔裤的人，创立了著名品牌“Levi's”。1979年，Levi's在美国国内总销售额达13.39亿美元，国外销售盈利超过20亿美元，雄踞世界十大企业之列。

李维年轻的时候，带着梦想前往西部追赶淘金热潮。一日，突然间他发现有一条大河挡住了他往西去的路。苦等数日，被阻隔的行人越来越多，到处是怨声一片。而心情慢慢平静下来的李维突然有了一个绝妙的创业主意——摆渡。由于大家急着过河，所以没有人吝啬坐他的船，迅速地，他人生的第一笔财富居然因大河挡道而获得。

渐渐地，摆渡生意开始清淡。李维决定继续前往西部淘金。来西部淘黄金的人很多，但却没有卖水的人，所以，水在这个地方成了最珍贵的东西。不久他卖水的生意便红红火火。后来，同行的人已越来越多。终于有一天，在他旁边卖水的一个壮汉对他发出通牒：“小伙子，以后你别来卖水了，从明天早上开始，这儿卖水的地盘归我了。”他以为那人是在开玩笑，第二天仍然来了，没想到那家伙立即走上来，不由分说，便对他一顿暴打，最后还将他的水车也一起拆烂。李维不得不再次无奈地接受现实。然而当这家伙扬长而去时，他立即又有了一个绝妙的好主意——把那些废弃的帐篷收集起来，洗干净后，缝制成衣服，那么一定会有人愿意买。就这样，他缝成了世界上第一条牛仔裤。从此，他一发不可收拾，最终成为举世闻名的“牛仔大王”。

尽管在世界著名服装设计师的名单中并没有李维·施特劳斯，但没有一位服装设计大师的作品能像牛仔裤那样遍及全世界，而且历久不衰。经过140多年的发展，李维公司已发展成为在世界10多个国家和地区开办了近40个生产经营机构的国际公司，年产牛仔裤超亿条。如今，世界上牛仔裤虽已出现众多品牌，但李维氏牛仔裤在世界70多个国家的销售量仍稳居第一。

事实上，生活中，一些人为了使思考的问题更加全面，他们会给问题设置很多规则，而这些规则对于问题的解决却是障碍，为此，你必须解放自己的思维，尝试着从新的角度去思考。

当然，你若想获得灵活的思维，就必须要锻炼自己，以下是几条建议：

首先，敢于否定，打破传统思维。

曾有人这样诠释创新：“你只要离开常走的大道，潜入森林，你就肯定会发现前所未有的东西。”创新的成功，总是由创新者的强烈创新意识孕育而来。要想摆脱传统观念和习惯思维的局限，就要鼓励自我打破思维禁锢，突破常规的路线，激活创新的意识。

其次，善于变通，敢于尝试。

变通思维是创造性思维的一种形式，是创造力在行为上的一种表现。思维具有变通性的人，遇事能够举一反三，闻一知十，做到触类旁通，因而能产生种种超常的构思，提出与众不同的新观念。科学领域中的任何建树，都需要以思维的变通为前提。一般来说，变通思维用好了，就会起到一种“柳暗花明”的奇妙作用。

总之，在生活中最大的成就是不断地改造自我，以使自己悟出生活之道。的确，在很多情况下，外物是无法改变的，我们能改变的就是我们的思想。在人生道路上，遇到问题，年轻人要学会改变视角、转换思维，这样往往能得到更好的解决问题的方法。

无法从事付出灵魂的工作，就不能享受人生的真正喜悦

我们都知道，任何一个年轻人，都有自己的梦想，都希望做出一番成就，为此，不少人选择创业，一些人确实有所收获，但是现实生活中更多的是那些在平凡岗位上工作的人。其实，始终勤勤恳恳地工作，何尝不是一种创业呢？创业之所以能带给我们喜悦，是因为创业能带来收获，而热衷于自己的工作，也是一种付出，也会给我们带来成就感。

年轻人们，可能现在的你正在从事一项最简单的工作，也许你也羡慕那些创业成功的人，然而，如果你做一行、爱一行的话，你也是一位成功者。事实上，苏格拉底说：“不懂得工作真

义的人，视工作为苦役。”这句话的含义是，工作是否能为我们带来快乐，取决于我们对工作的看法。因为快乐的秘密，不在于做你所爱的事，而在于爱你所做的事。当我们能做到为自己工作、为明天积累时，那么，你将拥有更大的挥洒的空间，更多的实践和锻炼的机会，找到工作中的乐趣，能够让你在工作岗位上更主动更积极地处理各项事务，为自己不断开创新的工作机会和发展空间。

我们不妨先来看下面一个故事：

很久以前，在西方，有一个人在死后来到了一个美妙的地方，这里能享受到一切他曾经没有享受过的东西，包括妙龄美女和美味佳肴，还有数不尽的用人伺候他，他觉得这里就是天堂。可是在过了几天这样的生活后，他厌倦了，于是对旁边的侍者说：“我对这一切感到很厌烦，我需要做一些事情。你可以给我找一份工作做吗？”

没想到，他所得到的回答却是摇头：“很抱歉，我的先生，这是我们这里唯一不能为您做的。这里没有工作可以给您。”

这个人非常沮丧，愤怒地挥动着手说：“这真是太糟糕了！那我干脆就留在地狱好了！”

“您以为，您在什么地方呢？”那位侍者温和地说。

这则寓言故事是要告诉我们：失去工作就等于失去快乐。但是令人遗憾的是，有些人要在失业之后，才能体会到这一点，这真不幸！

因此，我们都要明白，工作本身并没有贵贱之别，职业也没有尊卑之分。当你意识到自己工作的意义、拼命劳动的时候，自然会得到快乐，它是任何的东西都不能代替的。而有人认为自己所做的工作没有意思，因而挑剔工作，这样的人，一辈子都不能从事可以付出灵魂的工作，不能享受到人生的真正喜悦。

当你抱有一定的热情时，上班就不再是一件苦差事，工作就变成了一种乐趣，就会有许多人愿意聘请你来做你更热爱的事。如果你对工作充满了热爱，你就会从中获得巨大的快乐。设想一下，你每天工作的八小时，就等于在快乐地游泳，这是一件多么惬意的事情！

事实上，工作不仅为我们提供了生存的机会，还让我们找到了在社会中的价值。但事实上，生活中，并不是所有人都能认识到这一点，他们有的因为薪酬不理想而放弃现在的工作，或为了前方一个薪资更好的工作而放弃快乐；有的在现有工作上“做一天和尚撞一天钟”，得过且过，因为他们工作就是为了每月按时发放的薪水。那么你想过没有，你工作得快乐吗？

接下来有四个实际的步骤供你省察一番，让你反省是否知道自己在做什么。用一点点时间来思考一下，也许你会为你所发现的真相感到惊讶：

首先，保持良好的精神状态迎接每一天的工作。

你要始终确立和保持不甘落后、积极向上、奋发有为的精神状态，清醒地认识自己肩负的责任，切实增强时不我待、只争朝夕的紧迫感，食不甘味、寝不安席的责任感，树立强烈的事业心和进取意识。如果把所从事的工作只当成一个混饭的营生，那么，你就很难有工作积极性，也就很难做好工作。

其次，不要只把注意力放在金钱上。

钱是赚不够的，因此，我们不要把眼光只放在薪金的多少上，而是应该多关注自己创造的价值，工作带给你的成就感和满足感应该超越金钱上的报酬。

再者，找出你在工作上的重要价值。

请记住一点：当初你为何会接下这份工作？如果这只是一份临时的工作，你是否认真考虑过将来你真正想做的是什么事？然后再问你自己：由于我的投入，这份工作是否不一样？正确的价值观在个人成就感及付出中扮演着重要角色。

检讨自己为何做现有的工作并不代表你不满意它，这样的省察会使自我意识带出良性的工作成就感、加深自我实现的意志；以及知道自己真正在做什么。

最后，敢于问自己：我做这份工作值得吗？

如果在工作中，你根本发现不了自己喜爱的部分，你正想尝试着换另外一份工作，那么，你应该考虑一下，是不是出于以下原因：你是不是找错了在工作中努力的方向？你是否喜欢工作中的自己？若答案为否，你能够作一些改变吗？或者问题是出在工作本身？你是否要换到另一部门工作？是否有其他的责任使你无法完成该做的工作？所以，也许你只需要重新调整好焦距，审慎地选择你该花费的时间。

的确，对于工作，我们可以做好，也可以做坏；可以高高兴兴和骄傲地做，也可以愁眉苦脸和厌恶地做。如何去做，这完全取决于我们。所以，既然你在工作，何不让自己充满活力与热情呢？

成功总是属于智者，而不是莽夫

也许在很多年轻人的心中，摩西奶奶是勇气的化身，但摩西奶奶同时也是个智者，她不仅是个热爱绘画事业的艺术家，更是孩子们爱戴的祖母。每个年轻人都要学习摩西奶奶的智慧，可能现在的你刚进入社会和职场，你深知要努力、勤奋。工作中努力是好事情，可光努力是不够的，还要多动脑，多思考，这样才能真正做出成绩。

我们必须要承认的是，这是一个充满机遇和诱惑的时代，要想获得成功，首先需要的就是勇气。纵观那些成功人士，就可以发现他们都有一个共同的特质，那就是富有激情、敢于冒险，在与风险的搏击中获得了成功。为此，可能一些渴望成功的年轻人会认为，有斗志、有激情就能成功。其实，一个真正成功的人，必当是智慧与勇气兼备的。新时代，智慧才是力量。做事离不开智慧谋略，而智慧谋略往往能够决定你究竟能掌控多大的成功率。打仗要有勇有谋，做事更是如此。甚至在很多情况下，有谋比有勇更为重要。高尔基指出：“唯有思考才能开发出智慧的潜能，才能撞开才智的大门。”

其实，在工作中，我们经常会发现有这两种人：第一种是埋头苦干，但始终不见成效的人；第二种则能轻松地完成任务，赢得荣耀。即使是同一项任务，后者也可以不费吹灰之力，而前者还没有开始就时不时出现这样或那样的问题。其中的关键，就在于后者用大脑在工作，想方法去解决问题。只有在工作中主动想办法解决困难、问题的人，才能成为公司和单位中最受欢迎的人。

可见，成功总是属于那些有智慧的人，而不是莽夫。智者从不打无准备之战，因此，在决定做某件事情前，他们一定会挖掘足够的信息，然后准确预测出“有所作为的风险”和“无所作为的风险”，这样的冒险才是最智慧的选择，才能使自己立于不败之地！

然而，我们也发现，有这样一些年轻人，他们凡事积极进取，做事容易欠缺考虑，于是，很容易走弯路，而实际上，只有用理性指导激情，才会让成功来得更容易！

克劳塞维茨说：“只有通过智力的这样一种活动，即认识到冒险的必要而决心去冒险，才能产生果断。”不得不承认，敢想敢做，也只有智者才能事事在先，时时在前，跟近社会，做时代的弄潮儿。每个初入社会的年轻人，若想在当今的社会立足，有所成就，就要不畏惧风雨，不怕挫折，不惧坎坷。但勇敢不等于鲁莽，不等于粗野，它是一种骨气，是一种真正的浩然正气。因此，你不仅需要勇气，还需要智谋，还要有高思维的头脑，审时度势，运筹帷幄，决胜千里。

因此，年轻人，从现在开始，无论做什么事，都用心、用脑去做吧。对此，你需要做：

（1）注意方法

西点军校的布莱德雷说："不仅要达到目的，更要注意方法。"要善于观察、学习和总结，仅仅靠一味地苦干，只埋头拉车而不抬头看路，结果常常是原地踏步。

（2）敢于突破

在做事的过程中，我们一定要学会思考，在这个变化剧烈的时代，过去一直遵循的行事原则很可能不再是指引未来行动的金科玉律，而要发现这一点，再也没有什么方法比努力思考、多提问题更好的了。

生活中的年轻人，在赞叹摩西奶奶、洛克菲勒的成功之时，也应该受到启发。如果你细细揣摩一下他们的操作，你就会发现，他们看上去都很冒险，似乎有些不可思议，但其实这些都是表面现象。其实，这里我们看到的恰恰是一种敢想敢做的精神。

人生总归有终点，所以要努力向前

有人说，生命就像一次旅行，在这段旅行中，我们会遇到艰难险阻，会遇到暴风骤雨，会遇到阳光灿烂，会邂逅美丽风景，会遭遇荆棘丛生，但无论如何，只要我们对自己的心灵有约，就会以全身心拥抱生命，即使饱经风霜，我们依然对生命充满热情，感悟生命中的点点滴滴；更能感受到生命之旅中那些沉重的雨点击打时所带来的震撼和激情。

生活中，一些年轻人刚踏入社会，他们内心焦虑，担心明天的生活，明天的工作，但实际上，这只不过是杞人忧天，我们谁也无法预料明天，我们所能掌控的只有当下。而我们若想获得一个成功的人生，不仅要积累基础知识，更要修炼我们的心性，心态改变命运，活好当下，全身心投入你现在的生活和工作才是基础。未来靠的是现在，现在做什么，怎样做，要达到什么目标，才能决定未来是怎样。

为此，你需要记住：

1.养成勤奋的好习惯

如果勤奋已经成为一种习惯，那么，它也就能变成一种理所当然的事。就像习惯睡懒觉的人认为早起是痛苦的，但习惯于早起的人则把早起当作一件最平常不过的事，因为早起对于他们来说已经是一种习惯。

2.要有坚定的决心和持之以恒的毅力

这是老生常谈的话题，但依然重要。那么，如何做到中途不放弃？你要有良好的心态，乐观的精神和超强自信心。很多人选择目标后又中途放弃，就是因为坚持了很久仍没有看到成果，觉得自己的付出没有回报。其实，条条大路通罗马，既然选择了自己的路，就要毫不犹豫地走下去，一直在原地徘徊，犹豫不决，不知是否该前进，只能让时间白白流走而已。

3.要找到适合自己的勤奋之道，也就是方法

你可以根据自己的性格特征找到一条自己的路。比如，在看书上，每个人每天都有自己的兴奋点比较高的一段时间，你在这段时间可以看一些自己并不是很感兴趣的书籍，而在心情比较低落的时候不妨看一些自己喜欢的书，调节一下。

4.学习需要专注

攀登峭壁的人从不左顾右盼，更不会向脚下——万丈深渊看上一眼，他们只是聚精会神地观察着眼前向上延伸的石壁，寻找下一个最牢固的支撑点，摸索通向颠峰的最佳路线。同一办法对你也能有所帮助。每逢做事情时，不要把注意力放在你面前的整个任务上，最好先拟定第一个步骤——它必须是你确信自己能完成的，然后再拟定第二个，第三个，如此各个击破，最终实现自己的目标。

第10章

成功需要坚持，坚持是实现梦想的前提

有人说，人生就像一场牌局，真正让这场牌局精彩的人，即使得到的是最差的牌，也会坚持到最后，精心打出每一张牌，也就是说，坚持是我们每个人获得成功人生的前提。的确，梦想只有坚持，才有实现的一天。世界上的事情就是这样，成功需要坚持，年轻人也要记住这一点，做任何事，如果有丝毫的松懈，你就有可能会前功尽弃。

只要你坚持，你最终肯定会变得很棒

现实生活中，有不少年轻人，他们早已为自己树立了人生目标，并告诉自己，进入社会以后要努力工作，要努力充实自己，而随着时间的推移，他们发现，为理想奋斗是如此需要努力和恒心的一件事，目标也实在遥远，因而很多人会半途而废。现实案例告诉我们，百分之九十的失败者其实不是被打败，而是自己放弃了成功的希望。任何一个年轻人，都要记住，在追求梦想的过程中，无论你遇到什么，都要咬紧牙关，不要放弃最后的努力。因为成功与失败之间的距离并不是一道巨大的鸿沟，它们之间的差别只在于是否能够坚持下去。

诺贝尔奖获得者巴斯德曾豪迈地宣称："告诉你达到目标的奥秘吧，我唯一的力量就是我的坚持精神。"需要持之以恒的原因就在于，世上凡是有价值的事情做起来通常都是有一定难度的，成功不可能一蹴而就，所以只有持之以恒才能完成。

事实证明，任何一个目标坚定的人，都不会迷茫，更不会中途放弃。一个人要想获得人生的幸福，那么每一天都应该勤奋工作。付出是一个长期的过程，只要坚持就一定能够获得不可思议的成就。

那么，年轻人，你该怎样努力才能让自己成为自己所希望成为的那个人呢?

（1）进取心态最为根本

许多天才因缺乏勇气而在这世界消失。每天，默默无闻的人们被送入坟墓，他们由于胆怯，从未尝试着努力过；他们若能接受诱导起步，就很有可能功成名就。——席巴·史密斯

对于普通的你来说，只有树立理想，点燃激情，才能激发出无限的潜能。

（2）唤醒自己的梦想

年轻人心中都会有一个属于自己的梦想，但紧张的工作，可能会让你搁浅心中的梦想。但你发现没，正是因为你失去了梦想，你才会显得无力，没有热情。只有具有一个伟大的动力，人的潜能才会被最大限度地激发出来。因此，不要犹豫了，为理想奋斗吧，这样你的人生才会有别样的精彩！

（3）不断学习，并把学习深入贯彻到生活中

成功，取决于人的能力；而能力，则取决于人的学习——归根到底，成功取决于学习。不断地学习知识，正是成功的奥秘！但学习来不得半点虚伪，只有把学习融入到生活中，引起足够的重视，才能有所成效。

（4）勤奋进取

你要记住，既然年少，就难免贪玩，但这不能成为我们懒惰

和不进取的理由。时间要靠自己把握和积累，哪怕只是利用自己一些空闲的时间，哪怕你已经人到中年，你也一样可以弥补年轻时的遗憾，甚至获得意想不到的成就。只有不断更新自己的知识库，才可能不断提升自己。

（5）开放思维

为自己寻找更高的起点和标准，让自己迎接新的挑战。即使你现在已经是个优秀的学生，即使你在各方面都已经被老师、家长认可，你依然要为自己树立新的目标，并朝着这个目标努力。

当今时代是知识经济的年代，经济发展瞬息万变，科技进步一日千里，知识更新日新月异，各种竞争日益激烈。新知识、新事物、新经验层出不穷。作为新时代的宠儿，年轻人们，你要想与时俱进，只有不断学习、不断进步，并且，只要你坚持，你最终肯定会变得很棒的。

成功需要梦想，梦想需要坚持

初入社会的年轻人，他们都会怀抱梦想，希望自己学业、事业、婚姻皆能有成。但是，成功并不是一蹴而就的。所谓“十年树木，百年树人”，你若经不起时间的磨炼，经不起一点挫折，要想有所成就是很难的。在成功的道路上，如果没有耐心去等待成功的到来，那么，只好用一生的耐心去面对失败。

生活中的年轻人，可能在生活和工作之余，你也会编织你的梦想，你也渴望和那些成功人士一样，那么，在努力之前请作好屡败屡战的准备吧。比如说，如果你渴望成为一个运动员，那么，你就必须要比其他人付出更多的努力，在日常学习之余，你还必须不断挑战自己的体能，但无论如何，都难免失败。但失败并非罪过，重要的是从中吸取教训。

年轻人们，你也应该从中获得启示，只要你坚持到底，无论梦想多大，都有实现的可能。我们常常发现，一些年轻人在做事最初都能保持旺盛的斗志，然而，往往到最后那一刻，顽强者能咬紧牙关坚持到胜利；而懈怠者在这时放弃了希望，失去了自己应有的成功。

为此，任何一个年轻人，你都必须要懂得，任何一种策略都只有坚持才会有价值。也只有坚持到底的人，才能经受机遇的层层筛选，并最终获得它的垂青。

世间最容易的事就是坚持，最难的事也是坚持。成功在于坚持，这是一个并不神秘的秘诀。信念上超前一些，行动就会领先一步，成功的概率也就越大一些。成功的秘决就是，当你对成功的渴望就像你需要空气那样强烈的时候，你就会成功。

然而，目标有时遥遥无期，总也望不到头。你也许正在艰难中坚持却疲倦不已，如果这时放弃，以前的努力都将白费，所花的心血都是徒劳；而只要再坚持一会儿，再加一把劲儿，眼前就有可能别有洞天，豁然开朗。当你拨开迷雾重见阳光的一刹那，你会觉得做得再苦再累都是值得的。

世上所有的成功，都产生于再坚持一下的努力之中！成功也许真的只是一种“坚持”，当成功与失败的比例是三七开时，坚持的时间越长，成功的机会就越多。凡事坚持，不屈不挠，就有了赢的姿态。

为此，你需要在现实生活中有针对性地磨炼自己的恒心和意志力：

1.告诉自己，做事一定要有始有终

这是一种自我认知上的锻炼，如果你认为自己是个做事虎头蛇尾的人，那么，在日常学习和做事时，你就应该有意地改正，并反复暗示自己：“做事一定要有始有终，否则，就可能造成自己无法承担的后果。”“不要这山看着那山高，否则会一事无成。”“坚持就是胜利。”长时间下来，你就能培养出持之以恒、认真负责的好习惯。

2.有针对性地“磨炼”

你可以采取一些措施，有针对性地“磨炼”自己的意志。比如，以下几种活动都能很好地练就坚持的好习惯：练习书法，学习绘画，弹琴，解开绳结，下棋等。

3.遇到困难，记取教训，改善求进

成功有成功的经验，失败必当有失败的教训，这是不变的真理。在排除外在因素的情况下，如果你失败了，你需要做的第一步就是暂时停下来，思考自己为什么会失败。大剧作家兼哲学家萧伯纳曾经写道：“成功是经过许多次的大错之后得到的。”找到了问题出现的原因，你也可以破茧成蝶、振翅翱翔！

总之，在追梦的过程中，年轻人，你永远都不要放弃心中的希望，如果遇到困难，就把困难当成人生的考验，不要在困难面前茫然退缩，更不要不知所措迷失自己，满怀希望地为着自己的梦想而努力，相信终有一天，你会走出低谷，走向光明。现实是美好的，但又是残酷的，关键在于，面对困难，你是否具有韧性，能否能坚持到底。

不懈努力，鲜花和荣誉只属于那些有目标的人

我们都知道，一个有理想、有追求、有上进心的人，一定会有一个明确的奋斗目标，他懂得自己活着是为了什么。因而，他所有的努力，从整体上来说都能围绕一个比较长远的目标进行，他知道自己怎样做是正确的、有用的，否则就是做了无用功，或者浪费了时间和生命。显然，成功总是属于那些有目标的人，鲜花和荣誉从来不会降临到那些没有目标的人的头上。

年轻人，你只有从现在起，树立一个精细、明确的目标并为之努力、奋斗，你才会认识到体内所蕴藏的巨大能力，才能最终实现自己的理想。

人只有树立了目标，内心的力量和头脑的智慧才会找到方

向。目标是对于所期望成就的事业的真正决心。如果一个人没有目标，就只能在人生的旅途上徘徊，永远到不了目的地。正如空气对于生命一样，目标对于成功也有绝对的必要。如果没有空气，人就不能生存；如果没有目标，没有任何人能成功。

在很多渴望成功的年轻人眼里，石油大王洛克菲勒也是他们学习的榜样。他能从一无所有到拥有自己的商业帝国，这是一个传奇，但事实上，这也是他持之以恒、积极奋斗的结果，是命运之神对他艰苦付出的奖赏。他曾经对自己的儿子说过这样一句话："我们的命运由我们的行动决定，而绝非完全由我们的出身决定。"生活中的年轻人们，我们需要记住的是，一个人的命运如何，是掌握在自己手里的，出身只能决定我们的起点，不能决定我们的终点。

可能有些年轻人会认为自己年纪尚轻，励志为时尚早，而实际上，一个人只有尽早树立目标，才能尽早付诸行动，才能找到努力的方向。因为目标不会凭空实现，不采取具体步骤，就不可能发生任何事情。

总之，年轻人，你要记住，人励志，一定要趁早，一个人，没有目标，就像断了线的风筝，不知前方的路该怎么走；一个人，没有目标，就像一艘没有舵的轮船，只能随波逐流。

少年得志，其实更危险

生活中的年轻人，只要你细心观察，你就会发现，从古至今，大凡成功者，无不是经历了一番“寒彻骨”，在磨难和痛苦中，他们练就了一身的本领和打不倒的意志。当然，这并不是要告诉我们放弃对成功的追求，而是要让我们学会锻炼自己的韧性，无论现下的情况如何，都不可过分张扬，也不可就此松懈。

没有人能随随便便成功，过早地成功，会冲昏年轻人的头脑，让他们变得浮躁，失去正确的价值观，也会失去发展的机会，而一个人只有经历痛苦、失败，才能明白成熟的真正含义，才能成为一个具备成功者资质的人。

其实，年轻人敬仰的摩西奶奶就是大器晚成的典型代表，在七十五岁以前，她一直在农场生活，与其他农妇无异，八十岁的摩西奶奶才开始举办画展。摩西奶奶常说：“什么时候都不晚。”实际上，与之相对应的是，过早成功其实会是一种危险。

哲学家尼采曾说：“少年有成，被人追捧，会让他们变得骄傲，失去正确的价值观，忘却年长者的教导以及脚踏实地的重要性。”

生活中的年轻人们，也许你毕业于名牌大学，也许你含着金钥匙出生，但如果你想最终做出一番成就，你就必须抛却那些光环，并将所学知识运用到实践中。

宋代著名大文学家苏东坡在评论楚汉之争时就曾说：“汉高祖刘邦之所以能胜，楚霸王项羽之所以失败，关键在于是否能忍。项羽不能忍，白白浪费了自己百战百胜的勇猛；刘邦能忍，养精蓄锐、等待时机，直攻项羽弊端，最后夺取胜利。刘邦可以成大业是因为他懂得忍下人之言，忍个人享乐，忍一时失败，忍个人意气；而项羽气大，什么都难以容忍，不懂得‘小不忍则乱大谋’的道理。大业未成身先死，可悲可叹！”女词人李清照也叹：“至今思项羽，不肯过江东。”

诚然，没有人希望自己在年轻时就失败，但是“吃苦所得到的，是将你的事业大厦建立在坚实的地面上，而不是流沙里。”也就是说，一个人只有经历磨难，具备了实际的行动能力，才能真正经受住追求目标路上出现的艰难困苦，才能真正获得成功。当然，要想获得最终的成功，我们还需要从多个方面努力：

1. 做事要有条理有秩序，不可急躁

急躁是很多人的通病，但任何一件事，从计划到实现的阶段，总有一段所谓时机的存在，也就是需要一些时间让它自然成熟的意思。假如过于急躁而不甘等待的话，经常会遭到破坏性的阻碍。因此，无论如何，我们都要有耐心，压抑那股焦急不安的情绪，这样才不愧是真正的智者。

2. 立即行动，勤奋才能产生行动

我们都知道勤奋和效率的关系。在相同条件下，当一个人勤奋努力工作时，他所产生的效率肯定会高于他懒散工作时的效率。高效率的工作者都懂得这个道理，所以，他们能够实现别人几辈子达到的目标，收获成就感和满足感。

3. 低调中修炼自己，积累自己的实力

这需要你把每件任务都当成自己唯一的追求去做，不达目的绝不罢休，调动所有的储备和资源，寻求一切可能的帮助。没有这种锲而不舍的精神，你可能一辈子也做不成什么大事。

当然，我们强调要养精蓄锐，火候未到、锋芒不露，但这并不等同于让你做事畏首畏尾，不敢放手施展抱负。只是凡事都该有个“度”，张扬与内敛之间，就看你如何把握！

你做到百分百地勤奋了吗

初入社会，任何一个年轻人，都有满腔抱负，希望可以一展拳脚，都希望实现自己的理想。但现实告诉他们，必须要从最基础的工作做起。这对于心浮气躁的年轻人来说，无疑是更高层面的挑战。的确，世界上的事情就是这样，成功需要勤奋。因此，生活中的年轻人们，在追求成功的路上，你必须要做到勤奋，勤奋才是通往成功的唯一坦途。

现代社会，知识改变命运这个道理早已毋庸置疑，时代正在急速发展，各种技术日新月异，这种大环境已经对生活在这个时代的人提出了新的学习的要求，但无论何时，勤奋永远都是任何一个年轻人应该摆在第一位的工作和学习态度。即使你学生时代并不显眼，只要你步入社会后仍然勤勉踏实地自觉学习的话，往往就会有长足的进步。因为学校里学的东西是十分有限的，在工作和生活中所需要的相当多的知识与技能，完全要靠你们在实践中边学边摸索。

所以，任何一个年轻人，都要坚持不懈地专注于手上的工作，世界上许多伟大的事业都是由点点滴滴的细节小事汇集而成的。在小节上能够表现好的人，他在成功之路上一定能够避免许多漏洞。相反，如果一个人不能关注细节问题，往往会因小失大，自毁前程。完美的细节代表着永不懈怠的处世风格，也是一个人追求成功的资本。

有人问石油大王洛克菲勒："成功的秘诀是什么？"对此，他有两句座右铭，一句是"你要不是赢家你就是在自暴自弃"，一句是"勤奋出贵族"。

然而，我们不难发现，在我们生活的这个社会，有很多富家子弟，他们生活骄奢淫逸、好逸恶劳、挥霍无度，以至虽在富裕的环境中长大，却不免会在贫困中死去。也有一些满怀理想的年轻人，在为梦想奋斗的过程中，却做不到一步一个脚印，经常三分钟热度，作不到持之以恒。要知道，任何事情的成功都不是一蹴而就的，需要我们一点一滴地付出。小事成就大事，在每件小事上认真的人，做大事一定成绩卓越。

为此，生活中的年轻人，你们应该需要做到：

（1）紧紧抓住时间骏马的缰绳

只有最充分地利用好当前的时间，才不会有"白首方悔读书迟”的遗憾。伤逝流年，好像是在珍惜时间，其实是在浪费今日之生命。也不要沉浸在对未来的美好向往中而放松了眼前的努力。山上风景再好，如不一步一步地努力攀登，是永远不会登上“险峰”而一览“无限风光”的。

（2）科学地安排好时间

学习与巩固双管齐下，学习就会事半功倍。还要掌握时间的优势：用头脑最清新、效率最高的时间做最重要的事情，俗话说“好钢用在刀刃上”，在时间的安排上亦是如此。

（3）必须要克服重重困难

学习也好比是一种长征——一种追求知识的长征！一本一本的书，一章一节的知识，如雪山、大河、草地一样需要你去征服。如果你缺乏征服它们的勇气和信心，你就只能站在知识的岸边徘徊、叹息。记住：乌云的上面就是太阳，困难的背后就是胜利！

总之，年轻人，你需要记住的是，伟大的成功和辛勤的劳动是成正比的，有一分劳动就有一分收获，日积月累，奇迹就可以创造出来。只有勤奋工作才是最高尚的，才能给人带来真正的幸福和乐趣。勤奋是通往荣誉圣殿的必经之路！

第 11 章

主动成长，实现从优秀到卓越的不断蜕变

我们都知道，我们所生存的社会是人生的大课堂，那些在学校课堂上学不到的东西，社会都会给我们机会学习。然而，世事复杂，我们只有主动成长，才能变不利为有利，轻松、快捷地打拼出属于自己的成功。一个人不管多能干，多聪明，背景条件多好，如果不主动成长的话，那么他最终的结局肯定是失败的。

每一份坚持都是书写你成功之路的美丽之笔

年轻的我们在通往成功的道路上，都要知道，坚持不懈地走下去，一定会有美丽的彩虹等着我们。

将“再长的路，一步步也能走完，再短的路，不迈开双脚也无法到达”这句座右铭谨记于心吧，在前行路上，放弃容易坚持难，如果遇到困难就想到放弃，那么我们只能永远停留在原点，不断地重复开始；而坚持不懈地往前走，便是在原有基础上的进步，可能每次只是一点点进步，但滴水不是能汇聚成海吗？每一份坚持都是书写你成功之路的美丽之笔。

李华创办影楼的过程可谓几经沉浮，但他用事实完美地演绎了“再长的路，一步步也能走完，再短的路，不迈开双脚也无法到达”这句座右铭。如今，他一手建立的影楼已有好几百平方米，还开设了多家分店。

中学毕业后的李华，在一家影楼打工。在打工的过程中，他凡事都抢着干，学化妆、弄布景、搞摄影，学会了很多东西。后来，有家影楼要转让，李华接手下来，第一次建立了“白宫”，红火的生意让他掘到了第一桶金。

不料，天不遂人愿，因为修路，影楼要拆迁，几十万的装修全完了。痛定思痛后，李华租了附近一家工厂的门面，又投入10万元，第二次建立起影楼，不到1年，影楼再一次拆迁，这一次可是连本钱都赔光了。

历经了两次失败，李华还是坚持了下来，因为他相信，不管这条路多么艰难，只要坚持，就一定能成功，于是，李华第三次开起了影楼。这次，李华聘请的摄影师是在上海专门培训的；化妆师是广州高薪聘请的；先进的数码摄影技术也学会了；并在市里率先启用了鲜花造型、雷蒙娜制作、水晶制作等。

在李华的悉心经营下，渐渐地，影楼的回头客多了起来，如今，李华的影楼年营业收入有好几十万元。

涉世之初，不管做什么事情都需要坚持。坚持到最后，才能排除万难，勇往直前。像李华建立自己的摄影事业一样，前景巨大的市场、自己精湛的手艺、多年丰富的经验、层出不穷的创意、义无反顾的坚持，最终让他收获了成功。

“坚持就是胜利！”这句名言每个人都知道，但真正能从心底里体会其深意，并走向成功的则是少数，而李华能成为其中一员，就是因为他秉持着“再长的路，一步步也能走完，再短的路，不迈开双脚也无法到达”这句座右铭。

当我们开始为前途拼搏时，我们应该把目光放长远一些，因为我们还年轻，我们要学会运用抽象思维看到路的终点。当我们确定选择了这条路时，我们就应该坚持去挑战每一道难关，攻克每一个碉堡，即使疲惫不堪，想放弃、想逃避，也要鼓励自己坚持下去。

坚持的终点站就是胜利，每一步的不懈努力都是为了实现这一切！销售内衣的民威因为坚持，在七年的打拼下终于获取了财富。

涉世之初，民威就开始为自己的将来拼搏，民威是他们当地第一批的商户，经营着小家电，但生意不尽如人意。经过市场调查，民威了解到内衣市场尤其是女性内衣的市场很大，于是，民威义无反顾地放弃了小家电，开始经营女性内衣。

在经营女性内衣的过程中，民威承受了一次大打击，而他真正的营利是在第七个年头才开始的。刚开始时，民威主要在批发女性内衣。

一个年轻人独自做生意，刚开始自然什么都不顺，但他都克服了，几年后，民威才开始赚钱。可惜好景不长，过了不久，一个老客户一次从他那里发走了十几万元的货，意料不到的事情却发生了——半个月后，民威发现这个客户失踪了。这样，民威不仅白忙活了4年多，还欠了债。

被这事打击到的民威，萎靡了半年，但民威最终还是撑下来了。于是他高息借了20万元，又投了进去。奋斗了几年后，民威发现，从事女性内衣批发虽然利润高，但不如做品牌内衣有着稳定的客户群和利润，因此，民威开了一家女性内衣大卖场，销售黛安芬、安莉芳等中高端及低端内衣。

两年多时间里，那家店让他赚了30万元，其后，民威凭借坚持不怕失败的精神、丰富的从业经验、熟练的品牌操作能力成为了法国梦特娇女性内衣的总代理。目前，民威代理了两大品牌，已经有70多家加盟店。自此，民威的拼搏之路坦荡多了、顺利多了。

民威自己现在最常说的生意经是："再长的路，一步步也能走完；再短的路，不迈开双脚也无法到达。"而这也是他的座右铭。诚如他所言，年轻人要想成就事业，就要坚持，一个人在一条路上走不好，自然也难在别的路上开花。

孟子曾言：天将降大任于斯人也，必先苦其心志，劳其筋骨。试问：不能忍受磨炼，不坚持，有几人能成功呢？正如河蚌忍受了沙粒的磨砺，坚持不懈，才孕育出绝美的珍珠；正如铁剑忍受了烈火的赤炼，坚持不懈，才炼就成锋利的宝剑。在艰辛的拼搏之路上，一切豪言与壮语难免成为虚幻，唯有坚持才是走向成功的基石，而年轻的我们只要坚持，就没有什么不可以！

如果一个人只为自己活着，那么他的生命是黯淡的

所谓"赠人玫瑰，手有余香"，生活就是一面镜子，你对它怎样，它也会怎样回报你，"帮助别人得到他想要的，自己就会

梦想成真”这句座右铭说的正是此理。

其实，涉世之初，成功的可能性对我们每个年轻人来说都是一样的，这其中的关键不在于你赢过了多少人，你比多少人强，而在于你帮助过多少人。你帮过的人越多，服务的范围越广，那你的人脉就越广，如此，你成功的机会就越多，得到的回报就越多，成功的可能性就越大。像冬琴，就因为经常帮助别人，而拿到了梦寐以求的最佳志愿者的奖牌。

冬琴在大学读书时就是学校学生党支部委员、学校志愿者协会主席，在繁忙的学习之余，她活跃在志愿服务中。在她的带领下，学校志愿者队伍逐渐壮大，而参加工作后，她更是组织同事们成立了义工队。

了解冬琴的人都知道，她有一副热心肠，总喜欢帮助他人。刚参加工作时，单位组织了运动会，冬琴便带着自己组织的义工队忙碌开了，又是搬器材、捡会场的垃圾，又是当拉拉队，又是照顾不小心受伤的同事，尽可能为同事们创造轻松、和谐的比赛氛围。

在汶川大地震发生后，冬琴焦急万分，非常想加入志愿队，深入灾区帮助他人，但因工务繁多，她没法立刻赶赴灾区。冬琴心想，在单位也同样可以做点事情帮助灾区，于是，她在单位发起倡议，发动全体同事捐款、捐物，向灾区献爱心，为同胞建家园。

工作之余，冬琴将志愿服务扩展到了小区内，经常和同事们一起到敬老院慰问老人家们，每次他们都会给老人带去水果等慰问品，并精心编排节目表演给老人看。一次慰问结束后，一位老奶奶拉着冬琴的手说："不知道为什么我每天早晨起来都腰疼。"冬琴听后，立刻蹲下身去给老奶奶捶背。一段时间下来，冬琴和老人们就像亲人一样了，如今，只要冬琴有空就会去看望老人们，陪他们说话，给他们做按摩。

在前不久市里面刚举行的市优秀志愿者评选中，冬琴终于以她优异的表现、乐于助人的形象全票当选为市优秀志愿者。在发表获奖感言时，冬琴由衷地说："我父母就是个典型的热心肠，在他们的言传身教下，我也喜欢帮助别人，我觉得每天都能帮助别人是幸福，仿佛人生价值也是双倍的，这是其他财富所不能给予的，而今天能拿到这个奖，也是我所不曾期望的，没想到帮助别人竟会让我获此殊荣。"

的确，就像冬琴感叹的一样，帮助别人，我们的人生价值和幸福感都是双倍的，而且能带给我们梦想中的成功。

马克思就曾说过，如果一个人只为自己活着，那么他的生命是黯淡的；人们只有为同时代人的完美，为他们的幸福而生活，才能使自己的生活具有意义，才能让自己的梦想照进现实。

随着当代社会分工越来越细，刚入社会的年轻人与他人之间的交流与合作也日益频繁，"帮助别人得到他想要的，自己就会梦想成真"这句座右铭也体现得更加明显：没有社会和他人的帮助，自己就会陷入孤立的困境；而要得到社会和他人的帮助，首先也要帮助别人。如此，才能携手促进社会的发展与进步，将自己的理想变成可能！

以自己喜欢做的事来制订事业起步之初的目标

涉世之初，我们每个年轻人在生活中都有自己的兴趣和爱好，但常常有人以为这只是一种业余的消遣，不会想到将其发展成真正属于自己的事业。其实对我们年轻人来说，事业起步之初的目标最好按兴趣来制订，做自己喜欢的事情必能增添你的信心，激发你的动力。

以自己喜欢做的事为主来制订事业起步之初的目标，对我们来说非常重要，这样日后的工作对我们而言，就是乐趣。健康而广泛的兴趣能拓宽我们的求职之路、事业之路，进而成为事业成功的基础。

对年轻人来说，事业之路是艰辛而沉重的，唯有做自己喜欢做的事，你的生活才不再只有工作，选择我们感兴趣的事业去奋斗，我们才能投入全部的热情，不断钻研、不断深入，最后闯出自己的一条路来。周章就是这样一个以“做自己喜欢做的事”为座右铭的人，如今，他已经实现年收入上百万元。

周章从小就喜欢望远镜。念大学时，学校每年组织同学到野外采风，很多同学都想买一台望远镜。于是，他从中发现了事业的契机。当时，他找代理商买了二十多台望远镜，每台加一二十元卖给同学，此举大受欢迎。等到大学毕业时，他总共卖了一万多台望远镜，赚了近几十万元，就这样，他淘到了创业的第一桶金。

大学毕业后，周章开始代销天文望远镜、显微镜、照相器材等光电仪器。事业刚刚起步的时候，周章为了从正规厂家进货，坐飞机去西安、昆明等地与厂家谈判。对方看他年轻，根本不信任他，只给了他少量货品，价格还很高。但是，周章用实际行动改变了他们的观念。

在2007年，周章代销的望远镜的销量更是突飞猛进，单是某个品牌的望远镜就卖了上百万元，在整个省销量排第一名。代理公司特聘他为公司销售顾问，并将公司在该省的代理权免费授予给他，单此一项，就帮周章省了50万元代理费。现在，周章代理尼康、佳能等25家光学仪器的产品，其中有六个品种是全省代理，年赚百万元。

因为对望远镜有兴趣，周章干起事业来也特别有心。他还和几个好友共同成立了天文爱好者协会，并和不少专家学者成了好朋友。协会经常组织中小学生到天文台免费参观，并在高校内设立了分会。这样，周章将天文爱好者逐渐聚集到一起，生意也越来越好，销量翻了好几番，年收入也越来越可观。

周章对望远镜的热爱和精通为他在事业起步之初提供了诸多便利，增大了成功的概率。

涉世之初作选择时，如根据自己的兴趣确立目标，则能少走许多弯路，最大限度地降低创业风险。众所周知，兴趣是最好的老师，如果我们对一件事物产生了兴趣，就会调动自身的潜能、时间和精力去接触、去体验，不管遇到什么困难险阻，都能坚持下去。这种精神状态就是年轻人所必须具备的涉世心态。而做自己喜欢的工作，就为我们增加了成功的无形推动力。刘加南就是凭着自己对钻石的兴趣，最终建立了自己的事业。

读书时，因为文化课成绩不好，刘加南非常沮丧，这时老师对刘加南说："成绩不好不代表你不是好孩子，但你必须明白两件事，一是要有一技之长，二是要做自己感兴趣的事情。"正是老师的这番话，让刘加南开始寻找自己的兴趣所在。作为一名学生，加南的世界是有限的，但他清楚他从小就喜欢研究妈妈的嫁妆——钻戒上的钻石。

从那以后，刘加南就开始倾尽心力钻研钻石的种类，并将此定位为自己的终生事业，他不仅主动看完了上百本关于钻石鉴定的书籍，还去了有钻石鉴定专业的学校，向那里的老师学习专业知识。经过几年的学习，刘加南开始在这个行业闯荡了，而此时的他刚刚二十出头。

面对纷繁复杂的钻石市场，刘加南突然觉得理论知识完全用不上，但他凭借他的兴趣在摸爬滚打之后还是找准了市场定位。从刘加南独自进货到如今，已经整整八年了，那个初出茅庐什么也不懂的小子，如今也算是个钻石鉴定的行家。

一番辛劳过后，刘加南创立了自己的钻石店，并为客人提供免费鉴定的业务，渐渐地，他的店里有了越来越多的回头客，也有越来越多的人信任他的鉴定能力，就这样，28岁的刘加南完全靠着自己的兴趣和坚持不懈的努力，成为了一名小有名气的钻石老板。谈到自己成长的经历时，刘加南说："年轻人为自己拼未来，一定要做自己喜欢做的事情，这样，才能不怕困难，而且能事半功倍地达成预期目标。"

刘加南在创业的开始就确定了"做自己喜欢做的事"，然后根据兴趣制订了明确的目标。有了兴趣，有了座右铭，所以挫折就不再是挫折，生活就不再有工作，痛苦也不再成为痛苦，这一切都成为了追求兴趣的路上的美好体验，成为了一种享受，成为了前进的意志力，成为了完成整个事业征程的助推器。

在谈及兴趣的重要性时，威廉·奥斯勒如是说：人若无嗜好，便不会感到真正的快乐和安全，至于这种外在的兴趣是什么，则并不重要。

诚如这段话所言，只要我们在刚踏出校门开始为自己的未来奋斗时，善于寻找并坚持真正属于自己的兴趣或爱好，真正理解到"做自己喜欢做的事，你的生活就不再有工作"这句座右铭的含义，并能主动投身于自己喜欢的事情，有将其做大做强的意图，就一定能甩掉涉世之初不如意时的烦恼、苦闷，进而体味到创业中的自我满足与喜悦。

以兴趣为目标创业，才能为年轻的我们增添一抹亮丽的色彩，让前进之路变得诱人而生动，精彩而奇妙！

做人光明磊落，做事坦坦荡荡

大千世界，形形色色，每个人都是唯一，思维观念自然也是独一无二，而这种种的差别就会外化成人与人之间大至思想观念、小至看法评论等的不同。对涉世不深的年轻人来说，如何拿捏人情的尺度，用何种心态学习他人的长处，便显得尤为重要。

身在职场，事事都要同人打交道，那当他人的意见、想法、言行与我们相左时，我们该如何处理呢？或许我们会奋起辩驳以维护自己的利益；或许我们会迫于形势而低头，但会郁结在心……这时，不妨告诉自己——以平心阅人情、以虚心求学问，用平常心面对世间的纷纷扰扰，才能保持自己的立场。

刚上班时，周杰让李常林准备上报给经理的材料，可到了下午，李常林还没有准备好，周杰十分恼火。直到下班时分，周杰和李常林才来到了刘宝威的办公室。"刘科长，材料整好了。"李常林说。周杰忙拿起材料翻看了一下，发现其中有很多漏洞，顿时勃然大怒："你看看你做的材料！做了这么久，质量还这么差，太不用心了！"

本来李常林就对周杰职位升得比他快心怀成见，现在他更是无法服气，大声说道："我说周处长，既然你那么有才，那你就自己写吧！”这样一来二去的，两人便大声吵起来，矛盾越来越大，站在旁边的刘宝威马上上去劝道：“你们都别上火。周杰，经理刚打电话叫你，你赶快去看看是什么事情要处理吧。”

周杰走后，刘宝威先让李常林消消气，然后对他说：“我知道你为了赶这个材料辛苦了，来，我再来看看。小李，你的字写得非常不错啊，有些观点也很鲜明呢！不过，你再看看这个地方，我理解起来有点歧义，你帮我解释一下吧！”“是吗？我再核实一下。哎呀，真的是，刘主任，我没想周全，我再改改。”“小李啊，你比我当初强多了，不过做事还是要谦虚、谨慎一些，你要相信，你的能力领导是看得到的，再认真一点就更完美了。对了，你回头再把材料修改、完善一下，明天交给经理一份更出色的吧，这样对你也有好处啊，你说是不是？”“是，是，是，我一定尽力，还是刘主任您想得周全。”一番谈话过后，李常林冷静多了，也顿时振作起来，向刘宝威保证按时按量完成工作，请刘宝威相信他。

通过刘宝威的处事方式，我们就能看出，他平时就是本着以“平心阅人情，以虚心求学问”的座右铭来工作和生活的。平心对待这一切，才能保持平和的心态，让各方面顺利进行。

涉世之初，我们在处理关系、看待名利时，要尽力保持平常心，尽管名利对我们很重要，但是过于执着便会适得其反。我们这辈子，功名利禄、人际关系生不带来死不带去，真正跟随自己的只有我们的心。保持一颗平常心、虚心求学问便是二十几岁的人走向成功的秘诀之一，拥有平常心的年轻人往往胸襟宽、度量大，做人光明磊落、做事坦坦荡荡，能够得到身边人的信任、爱戴与拥护，如此一来，事业成功不就指日可待吗？

将眼光放宽，从别人处学习经验

在为理想拼搏的路上，失败并不可怕，所谓失败乃成功之母，如何对待失败才是制胜的关键。以“成功的人是跟别人学习经验，失败的人只跟自己学习经验”作座右铭，我们才能在一次次失败时勇敢地从跌倒处站起来，不断向别人学习经验，从中取其精华、去其糟粕，继而获得丰富的经验，慢慢地接近成功。

须知，有失必有得，谁能否认鲜花永远和荆棘相生相伴？谁能否认阳光永远与风雨同生同灭？谁能否认成功永远与失败共进共退？世上不是每一条河流都能够流入大海，不能汇入的便成了死水；不是每一粒种子都能长成参天大树，不能发芽的便成了空壳。但是我们不是河流，也不是种子，只要我们不怕失败，能向别人学习经验，我们就会拥有自己的天空。

成功不是一个海港，而是一次埋伏着许多失败的旅程，你只有不怕失败，不断向别人学习经验，才能笑到最后。周路通正是在不断地与挫折和失败的斗争中，一路从容地走向成功的。

周路通，刚二十出头时，就成为了家乡当时最红火的乡镇企业的一名职工。而后，他进入当时的造纸厂，从硫化工转为了一名车工，整天与车床打交道的他不仅有一个好身体，也有一个好脑袋。当销售科在全厂招聘销售员时，周路通被聘上了，原因是他喜欢研究市场。当了销售员的周路通如鱼得水，除完成销售任务外，他还了解到许多制药厂需要大量药用玻璃瓶。他发现这是一个商机。

看到这个商机后，周路通行动了，他和两个朋友在自家的院内开始了药用玻璃瓶的生意，他借了几万元做启动资金，请了几个懂玻璃制造的朋友搞起了玻璃瓶的生产。从图纸设计到生产包装，都是小作坊式的作业。然而产品送交厂家后总是质量不合格，一次、两次、三次……失败、失败、还是失败……到第五次宣告失败时，周路通开始研究他人研制玻璃瓶的过程，仅仅几天的时间，周路通就瘦了一圈。

通过不断学习，周路通深刻地理解到了“成功的人是跟别人学习经验，失败的人只跟自己学习经验”这句话的意义，在向他人学习的同时，周路通还从中总结出适合自己的方法，终于他成功了，他在简易作坊里生产的药用玻璃瓶终于问世了。就这样，周路通打开了他的梦想之门。

周路通正是因为能正确认识失败，并从别人处总结到经验，才对自己的事业有了信心，坚定了他继续前进的信念。

在我们的成长道路上，失败无所不在，若只是从自身经验出发，就只会被失败所束缚、所困扰，从而一败到底；若能将眼界放宽，从别人处学习经验，则将取得最终的成功。

生活，也正是有失败和成功的交替，才变得丰富多彩；而我们也正是在失败的历练中不断向别人学习经验，才变得睿智。李白诗云：长风破浪会有时，直挂云帆济沧海。无论面对何种失败，都不要忘了：向别人学习经验才能从失败处站起来继续前进。

相信黑夜过后总会有黎明的来临，年轻时，遭遇失败，并不代表我们真的不行，也无须过多地嗟叹失败的苦涩，凡事向别人学习经验，并从中总结出适合自己的方法，尽力而为，终有一天我们会找到属于自己的成功之路！

第12章

可以不成功，但是不能停止学习和成长的脚步

当今社会，瞬息万变，对于成长路上的年轻人来说，真正的危险不是知识和经验的不足，而是故步自封，跟不上时代的步伐。哲学家说：“你改变不了过去，但你可以改变现在；你想要改变环境，就必须改变自己。”文学家讲：“明智的人使自己适应世界，而不明智的人坚持要世界适应自己。”一个人要想成功，勇气、努力都必不可少，但更重要的是，人生路上要懂得与时俱进，要懂得不断收集各种资讯，使自己对环境和追求的事业的方向有更充分的了解。因为一个人只有了解的知识越多，才越有应变的能力。

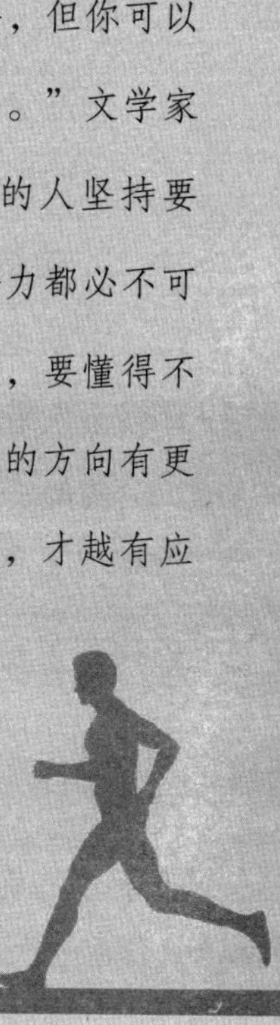

活到老，学到老，让自己与时俱进

现代社会发展迅速，生存压力越来越大，竞争激烈，导致很多父母都望子成龙、望女成凤，他们恨不得在孩子还没出生时就对孩子进行各种教育，由此也导致孩子们面临巨大的压力。很多孩子几个月大就开始上亲子班，一两岁就被送去上托管班，还要上各种各样的兴趣班。毋庸置疑，父母对孩子用心培养是很好的，但是父母对于孩子的揠苗助长的教育方式，绝不值得推荐。

我们的确需要学习，然而学习只有成为一件心甘情愿的事情时，才能给我们的人生带来更加美好的体验。和被动地学习相比，主动地学习效果才能更好。尤其是对于成年人而言，自我教育会给人带来非常美妙的感受和体验，也使人的学习事半功倍。

曾经，大学毕业生在求职市场上很受欢迎。然而随着教育的普及，大学生再也不紧俏，面对着遍地皆是的大学生，反而是那些具有丰富经验和特殊技能的人成为了真正的受欢迎者。而且，在几十年前知识更新的速度很慢，但是现代社会知识更新的速度却非常快，很多大学生刚刚毕业，就发现自己学到的知识已经落伍了。的确，现代社会要求人们终身学习，尤其是对于刚毕业的大学毕业生而言，不但要学习经验，同时也要学习知识，才能避免落伍。

珍妮自从结婚有了孩子后，为了照顾家庭，就放弃了自己的事业，辞职回到家里专心相夫教子。转眼之间，三年过去了，孩子已经两岁半，珍妮把孩子送到幼儿园，才发现自己的生活多么空虚。

每天，她送完孩子就去超市采购，然后回到家里打扫卫生，除了闲暇时候看看电视剧之外，她就只能做好饭等着丈夫回家享用，除此之外，根本没有任何兴趣爱好。意识到这一点之后，珍妮觉得很有危机感，归根结底，她还年轻，孩子终究会长大，而丈夫的事业也做得风生水起。

当机立断，珍妮针对自己的旅游专业，报名参加了一个培训班，她想转行做管理，毕竟有了孩子之后再也不能带团一走就走半个月了。在孩子刚上幼儿园的这半年时间里，珍妮一边帮助孩子更好地适应幼儿园生活，一边每天挤出时间来学习。等到孩子的幼儿园生活步入正轨后，她也如愿以偿地找到了新工作。看着珍妮转眼之间从全职主妇变成时尚达人和白领，丈夫不由得对她刮目相看，真心地说："亲爱的，我能够娶到你可真是三生有幸，古人云出得厅堂，入得厨房，一定就是说的你。"由此一来，珍妮不但重新开始了自己的事业，也赢得了丈夫极大的尊重和爱。

在这个事例中，珍妮和很多蓬头垢面的家庭主妇不同，她虽然为了孩子付出了自己的事业，但是她并没有放弃学习。尤其是在意识到自己这样会和生活、社会脱节，也会与丈夫之间形成不可弥补的差距时，她马上就开始学习，努力充实自己，也为自己再次融入社会作好准备。所以，珍妮才能得到丈夫真心诚意的敬爱，才能为自己的人生赢得更加美好的未来。

现代社会，每个人都需要学习。不管是全职家庭主妇，还是在学校里就读的大学生，抑或是已经有了一份很好工作的人，都必须坚持学习，才能与时俱进。每个人从呱呱坠地开始，就在不断地学习。婴儿要学习走路、吃饭，成人要学习如何更好地生存，从而不断提升和完善自我。总而言之，只有学习，才能让我们跟上时代的脚步，才能帮助我们避免被淘汰的厄运。

也许有很多人都说自己没时间，或者没机会学习，然而鲁迅先生说，时间就像海绵里的水，只要愿意挤，总还是有的。而且，只要我们想学习，总是能够找到机会的。朋友们，就让我们争分夺秒地学习吧，只要我们愿意，一切都还来得及。就算是年纪很大的朋友，也可以活到老，学到老。这样，我们的心灵才能更加充实，我们的人生才能扬帆远航。

只要我们有勇气打破孤独，孤独就会应声破碎

虽然现代社会发展迅速，而且现代的医疗得到了突飞猛进的

发展，但是孤独作为一种越发严重的疾病，侵袭了人们的生活。也许有人会说，现代社会已经人满为患，人们不管走到哪里，都置身于熙熙攘攘的人群，怎么会觉得孤独呢？没错，现代社会的确很嘈杂热闹，但是那群孤独症患者越是置身于热闹的人群里，就越是倍感孤独。没错，人们切实的感受与人群的喧嚣，就是如此。

其实，我们很容易就能打破孤独。尽管在现代的大都市中，人们居住在钢筋水泥的城市森林里，也因为频繁的迁徙和身边的人关系日渐疏远，但是只要我们有勇气打破孤独，孤独就会应声破碎。人们拥有热情与爱，彼此之间真诚对待，这样人与人之间的坚冰才能被打碎。因而，我们要想战胜更加顽固的孤独，首先要走出自艾自怜的阴影，走入阳光之中，走到与朋友的真诚友爱之中。只要我们愿意寻找，总有一个地方，我们在那里可以与他人一起享受生活的美好，也能够尽情释放自己的热情，享受他人的热情。当然，这么做的前提是我们必须有勇气，有勇气打破枷锁，有勇气走出人生的困厄，也有勇气融化心底的坚冰。

玛丽一直独身一人在大城市里生活，她已经习惯了这样的生活，回到家里自己开灯、关上门之后，根本不知道邻居家里住着谁。后来，玛丽又换工作了，她不得不搬到新租的公寓里生活。这对她而言也无所谓，因为哪怕是住了好几年的公寓，她也不认识所谓的邻居。

然而，才住了几天，玛丽就感到很烦恼，因为她的隔壁住着一个有两个孩子的家庭，其中还有一个小宝宝，夜里经常会哭泣，搅扰了玛丽的睡眠。为此，玛丽非常懊恼，后悔租住了这间公寓。一天，玛丽刚刚下班回家不久，突然停电了。玛丽摸索着点燃蜡烛，这时突然响起敲门声。玛丽很纳闷，因为她的家里从来没有客人到访，她想不清楚谁会在这个时候来敲门，所以紧张地打开门。门口站着一个半大的孩子，笑眯眯地问："阿姨，您有蜡烛吗？"玛丽一下子意识到是隔壁的孩子来借蜡烛，因而她毫不犹豫地拒绝道："没有。"不想，孩子非但没有离开，反而笑着从自己的口袋里拿出两根长长的崭新的蜡烛，说："哈哈，我就知道您没有蜡烛。给您，这是我妈妈让我送给您的。我是您的邻居，就住在您的隔壁。妈妈还说，您刚刚搬过来，如果缺少什么，就去我家里找。"转瞬间，玛丽觉得心里暖暖的。她不知道该说些什么，只好笑了笑。

为了报答这两根蜡烛的友好，玛丽次日下班特意买了很多水果，分了一半给邻居家的两个孩子。后来，孩子们的妈妈做了好吃的饭菜，也会让孩子送一些给玛丽，一来二去的，玛丽居然觉得：有邻居真好，甚至比亲戚还好呢！

在这个事例中，玛丽的心原本已经习惯了城市的孤独，始终独居的她不愿意和任何人打交道，总是从公司的门进入家门，就再也不出门。幸好这次停电，才使她意识到邻居的热忱，因而也渐渐打开了心扉，愿意接纳他人走入自己的生活。她呢，也因为与邻居的相处，意识到人与人之间的距离也并没有那么遥远，人生是非常美好的。

要想打破孤独，我们就要学会积极主动地融入生活。大多数情况下，生活在城市里的人，比生活在农村的人更孤独，因为城市里的邻里关系前所未有地冷漠。作为现代的城市人，我们应该拥有开放的心态，巧妙地打破这种孤独。除了工作之外，我们还可以参加各种俱乐部，从而与更多的人相处，也渐渐习惯与陌生人相处。孤独使人堕落，朋友们，从现在开始，就让我们远离孤独，积极主动地融入生活之中吧！

反省自我，得到内心深处的平静

美国石油大王洛克菲勒的一生可谓传奇，然而他在度过自己的大半生后，变得非常苍老，健康状况也急剧恶化，这最终导致他不得不提前退休，过着悠闲安逸的生活，否则他就性命堪忧。对于洛克菲勒的一生，人们的评价毁誉参半。他的邻居们都不喜欢他，他的弟弟也很厌恶他，甚至包括他的合作伙伴们，也都对他敬而远之。原来，洛克菲克是一个特别焦虑的人，他总是杞人忧天，无法使自己的心情始终保持平静。在常年累月的焦虑中，他的生意越做越大，但是他的身体也越来越差。曾经年轻体壮的他，在53岁时就已经瘦骨嶙峋、步履蹒跚了。最终，每个月能够赚取上百万美元的他，不得不依靠酸奶和苏打饼干维持生命，他真正能够享受的食物，每周花费不足两美元。为此，他只能接受医生的建议，彻底放下生意，学习打高尔夫，进行他曾经称之为奢侈运动的各种有益健康的活动，而且绝不为任何事情感到烦恼。这样一来，他总算侥幸捡了一条性命，也没有因为焦虑再使生命健康受到威胁。最终，作为守财奴的他找回了心灵的宁静，散尽了所有的家财，也真正获得了无忧无虑的人生。

和洛克菲勒一样，尽管我们作为普通人不如他成功，但是我们之中的大多数人也陷入焦虑之中，无法自拔。人的欲望是永无止境的，人对于自己人生的渴望也是超乎寻常的。然而，人的时间和精力都是有限的。我们不可能把人生的每一分每一秒都用于工作，每个人都应该劳逸结合，既要拼搏进取，也要根据自身的实际能力，做到适可而止。如此，我们才能平衡好人生之中各种微妙的关系，从而使自己的人生更加淡定从容，并最大限度获得好的结果。人生路上，我们都要学会反省自我。我们可以对此前的人生行程进行总结，也可以对自己之后的人生之路进行更好的规划。由此一来，我们的人生当然变得更加从容，也更有秩序。与此同时，我们也因为适当的休息，得到内心深处的宁静，从而享受生命的安静美好。

朋友们，你们是否也因为各种艰难坎坷的处境陷入焦虑之中呢？其实，焦虑根本无法解决任何难题，它只会使人变得更加无助。人生中真正的强者，能够以坦然之心战胜焦虑，也能够使自己驾驭焦虑，恢复平静的情绪。人人都想当人生的主人，只有真正能够驾驭自身情绪的人，才是命运的主宰者，才是人生的掌舵人。

认清自己，做自己想做的事

伟大的科学家爱因斯坦说过："兴趣是最好的老师。"古人亦云："知之者不如好之者，好知者不如乐之者。"这就是说，一个人一旦对某事物有了浓厚的兴趣，就会有强大的精神动力，去主动求知、探索，以达到感性认识和理性认识的统一，形成对事物系统、全面、完整的认识，在这个过程中，他还会产生愉快的精神体验，进而形成一个良性的循环。

年轻人们所敬仰的摩西奶奶曾说过这样一句话："你最愿意做的那件事，才是你真正的天赋所在。"她告诉年轻人，人到底该在什么时候做什么事，并没有谁明确规定。如果我们想做，就从现在开始。

事实上，摩西奶奶之所以在绘画上有如此造诣，也是因为兴趣所在，兴趣让她有源源不断的动力，进而能做到几十年如一日，最终自学成才。

而现实生活中，一些年轻人在人生发展的道路上，却把命运交付给别人，人云亦云，盲目跟风，他们忽视了自己的内在潜力，看不到兴趣的强大作用，甚至不知道自己到底需要什么，不知道未来的路在哪里，于是，他们浑浑噩噩地度过每一天，甚至在充满各种诱惑的社会大潮中迷失了自己。事实上，如果你能准确地定位自己，认清自己，看到自己的兴趣，那么，你就能充分挖掘到自己的内在动力，朝着这个方向努力，你就会做回自己，充分发挥自己的价值。

任何一个中国人，都对姚明这个名字耳熟能详，然而，不为人知的是，他在篮球事业上的辉煌，也来自于他成长过程中的兴趣。然而，他的兴趣并不是一开始就锁定在篮球上。他曾经说过："最重要的就是去做你真正想做的事情，跟着兴趣走。"

在姚明小的时候，他和很多同龄的男孩一样，喜欢枪，喜欢玩游戏，喜欢自由自在地生活，做自己喜欢做的事情。但后来，他开始喜欢看书，尤其喜欢看地理方面的书籍，他的父亲说，有一段时间姚明还对考古发生了兴趣，再往后，喜欢做航模，他第一次在体工队拿了工资，就去买了航模回来自己做。再后来，他就喜欢打游戏机了。

姚明的家庭是民主自由的，尤其在他的学习上，他的父母从来不逼迫他，而是以启发施展为主，重视培养他的兴趣。而这种方式让姚明享受到了学习的乐趣。长大之后，每当有人问起他的童年，他都会说："我是玩过来的，没人逼迫我学习。"

姚明、姚明的父母和他当年的老师、教练以及小伙伴都说，其实刚开始他并不喜欢篮球，对当年的他来说，篮球只不过是一种游戏。

而直到他9岁的时候，姚明才开始对篮球有点兴趣。到12岁时，他已经非常喜欢打篮球这项运动了。父母把他送到上海体育学院，他在那每天都要打几个小时的篮球。姚明由于离家的路途比较远，选择了住校。这使得他有更多的时间打篮球，他对篮球越发专注了。

姚明最喜欢的球员有三个，他们是阿瑞维达司·萨博尼斯、哈基姆·奥拉朱旺和查尔斯·巴克利，姚明还坦言他曾用“萨博尼斯”作为网名。

萨博尼斯是姚明刚开始打球时的偶像。姚明喜欢萨博尼斯打球的方式——娴熟地运球，用不可思议的方式把球传给空位的队友，精准的中远距离投篮。每当他在场上时，他都会效仿他的偶像打球的方式。

后来，姚明很关注当时的休斯敦火箭队。这支球队以另一个敏捷的大个子哈基姆·奥拉朱旺为首，1994年和1995年连续两年赢得NBA的总冠军。姚明迷上了这支球队，也非常崇拜奥拉朱旺。这些都使姚明对篮球更感兴趣，也使他打球的动力更足。

姚明因对篮球的兴趣而成为伟大的球星。从姚明身上，我们可以发现，兴趣能对一个人的成长、个性发展乃至人生路途产生很大的作用。然而，并不是每个人都能让兴趣发挥如此巨大的作用，兴趣的产生也不是与生俱来的，它是在学习、活动中产生和发展起来的。为此，我们若想找到自己真正的兴趣所在，就必须做到：

首先，你可以从培养自己的好奇心开始。

生活中，我们经常会遇到一些未知的事物，很多人对这些未知事物都采取一笑置之或者漠然的态度，而实际上，这正是培养我们兴趣的关键部分，没有好奇心，就没有探求的欲望，也就谈不上兴趣，比如，我们经常看到美丽的彩虹，那为什么会出现彩虹呢？真的是天女所为？要解除这些问号，就需要你进一步查看相关书籍，了解这些知识，兴趣的开端也就这么产生了。

其次，你需要保持持续的热情。

有些人的确有好奇心，但总是三分钟热度，比如，他们喜欢弹琴，但持续不了一个月。这样，即使你再有天分，你的弹琴技巧也不会进步。可见，要培养一份兴趣，就要保持持续的热情，每天进步一点，你就会把这一兴趣变成生活习惯，长此以往，你自然会有所提高。

当然，无论做什么事，最怕的就是蜻蜓点水、不求甚解，生活中，一些年轻人兴趣爱好广泛，但却做不到精益求精，这又怎么能真正让兴趣发挥作用呢？可见，兴趣不只是对事物表面的关心，更需要我们不断培养，不断参与，并贵在坚持！

有些痛苦，时间最终会给予我们满意的答卷

每个人的人生都不是一帆风顺的。在人生的漫漫长路上，我

们常常会因为各种各样的意外遭受打击，其中有些打击是我们无力承受的。在这种情况下，我们是选择逃避，还是选择勇敢地面对呢？当然，勇敢面对需要时间，任何创伤都不可能神奇地愈合，唯有在时间的不断沉淀中，这些创伤才能逐渐愈合。

有些打击是致命的，虽然他们并没有真正夺走我们的什么，却彻底改变了我们的生活，这样一来，我们不得不花费更多的时间来适应现在的生活模式，也让自己彻底接受那些灾难。时光如逝，任何时候，我们都无法改变时间的脚步。我们哭着也是度过一天，笑着也是度过一天，既然如此，我们为何不笑对人生的一切困境呢？当我们真正做到勇敢地面对生活，我们会发现那些事情其实不像我们想象中那么可怕。在厄运面前，即使我们一时之间难以承受，时间也最终会给予我们满意的答卷。

1945年8月，日本宣布投降，次日，布朗夫人回到她位于加拿大渥太华的家中。这个家变得空空荡荡的，似乎只剩下一座大房子，而失去了所有的灵魂。

前几年，布朗先生因为一场突然而至的车祸失去生命，没过多久，布朗夫人的妈妈也因病去世。接连失去两个亲人，命运对于布朗夫人如此残酷，却仍没有就此结束。当人们在街道上欢天喜地地庆祝日本投降时，布朗夫人失去了自己唯一的儿子康德纳。没有丈夫，没有妈妈，连儿子也失去了，可想而知，布朗夫人在这个世界上是多么地孤独无助。

她回到那个如同荒原一般的家里，孤身一人四处游荡，如同孤魂野鬼一般。她害怕极了，不知道自己应该如何生活下去，她感到窒息，也觉得自己即将崩溃。的确，生活对于她太残酷了，简直不给她任何苟延残喘的空间。从儿子去世之后，布朗夫人始终生活在悲哀和孤独之中，她简直无法正视自己的命运。然而，随着时间的流逝，在某个清晨醒来时，她决定要继续好好地活下去，要彻底改变这种阴暗绝望的生活。她给朋友打电话聊天，偶尔还会和朋友一起四处散步。从此之后，布朗夫人战胜了困难，掀开了人生的新篇章。

任何一个普通人，都很难承受布朗夫人遭遇的这种厄运。然而，除非和死去的人一起死去，否则，只要活着，日子总是要继续进行下去。布朗夫人在经历了切骨之痛后，决定开始自己新一段的人生。每个人都是如此，只要活着，面对灾难就无路可逃，只能选择接受。

生活总是有着幸福的假象，在生活之中，我们不知道什么时候就会遭遇不如意，甚至遭受厄运的突然袭击。有些灾难的确带有毁灭性，使我们根本无法赢得人生的生机。然而，活着就是熬。越是面对艰难困苦，越是觉得一切都无法改变，我们就越是要熬着，随着时间悄然流逝，一切的苦难也会随之消散，这就是人生的本质。所以朋友们，给自己一点儿时间吧，让时间带着你度过艰难的时刻，要相信人生总会重新开始的。

智者心中总会燃起希望的光芒

人生不如意十之八九，即便是一个命运的宠儿，也难免要在一生之中遭遇几次坎坷与挫折。可以说，在这个世界上，没有人的人生是一帆风顺的。小小的坎坷与挫折，大多数人都能坦然度过，然而如果遇到人生的大风大浪，则是到考验我们的时刻了。很多人都羡慕成功者的光环，实际上，考察一个人是否真的获得成功，不在于他成功时的状态如何，毕竟每个人在成功时都是春风得意的。真正明智的人，要想了解一个人是不是人生的强者，会考察其在人生中失意时的状态，尤其是要考察其在遭受人生困厄时能否坦然以对。

曾经有人说，假如有人在面对失败的时候退步了，那么他只能收获失败。相反，一个人只有在失败面前越挫越勇，而且踩着失败的阶梯不断攀升，才是人生真正的强者。尤其是很多时候，失败不但伴随着厄运而来，还会伴随着屈辱等。这种情况下，我们只有潜下心来休养生息、养精蓄锐，才能最大限度发挥自身的能力，成就独属于自己的精彩人生。

春秋时期，吴王阖闾带兵攻打越国时，被越国大将砍伤右脚，导致全身感染，丢了性命。后来，他的儿子夫差继承王位，经过三年的励精图治后，夫差率领大军攻打越国，发誓要为父亲报仇。他们一鼓作气地攻下了越国的都城会稽，俘虏了越王勾践。夫差派人把勾践夫妇押解到吴国当人质，就关押在父亲墓旁的石屋中，为父亲看守坟墓。在此期间，夫差还喝令勾践夫妇为他养马，想方设法侮辱勾践夫妇。对此，勾践夫妇表现得言听计从，从未有任何不服的表现。在几年的时间里，勾践夫妇受尽屈辱，最终他们终于赢得夫差的信任，被夫差放回越国。

其实，在吴国的几年里，勾践从未忘记报仇雪恨的事情，因此，一回到越国，他马上振奋精神，埋头苦干。为了督促自己不要忘记在吴国所受到的屈辱，他还主动睡到柴草铺着的地上，不愿意睡在柔软的床铺上。此外，勾践在自己吃饭的饭桌上方悬挂起一个苦胆，每次吃饭前，他都会先品尝一下苦胆，提醒自己牢记耻辱。就这样，勾践和妻子总是粗茶布衣，身为表率。在他的治理和带领下，越国百姓们万众一心，奋斗不息，终于国富民强。勾践找准机会对吴国发兵，彻底消灭了吴国。

在吴国受尽屈辱回到越国后，勾践从未有一刻忘记报仇的事情。所以，他和妻子粗茶布衣，时刻提醒自己要不忘报仇雪耻的心。正因为如此，勾践才能最终把国家治理得国富民强，才能抓住机会彻底消灭了吴国。现实生活中，我们也常常遭遇困境，可曾做到像勾践一样忍辱负重、不负所望呢?

真正的智者，即便遭遇困境，心中也会燃起希望的光芒。他们总是站在充满希望的地方，为自己汲取更多的能量。所以朋友们，遭遇失意并非最糟糕的，糟糕的是我们就此沉沦，再也没有奋斗的勇气和成功的希望。就像每天二十四个小时的轮回一样，太阳下山了，我们能够迎来月亮，就算是在月黑风高的夜晚，天空中也总是点缀着星星，为我们照亮前行的路。因此，朋友们，让我们心怀希望和不屈的信念吧，当我们心中燃起希望之光，我们的人生就永远不会陷入黑暗。当你在希望的指引下艰难地走过人生中的困厄时刻，你会发现曾经的磨难都变成了你最宝贵的财富，你也能够在人生路上勇敢无畏地一往直前了。这就是人从失意中得到的成长，这种成长对于每个人的人生来说都至关重要，是不可替代的。

耐得住失意中的寂寞，才有成功时的欣喜

现代社会，到处都充斥着喧嚣浮躁，也到处都充斥着寂寞与孤独。没有人喜欢寂寞，然而，人生路上，寂寞随处可见，如影随形。可以说，人生只有耐得住寂寞，才能经得起繁华。在失意的时候，人生也只有耐得住寂寞，才能享受柳暗花明又一村的欣喜。

人生的本质就是寂寞的，在这个世界上，每个人都孤独寂寞地来到人世，也孤独寂寞地离开人世。在经历了人世的喧嚣之后，只要我们愿意享受这样的寂寞，只要我们能够静下心来思考自己该何去何从，就能对自己过往的人生进行阶段性的总结，也能对于即将到来的未来进行展望。可以说，如果一个人的人生始

终是喧嚣浮躁的，那么他一定会感到兴致索然，甚至会觉得人生有缺憾。自古以来，很多文人墨客都愿意守着清贫和寂寞度过一生，诸如陶渊明的“采菊东篱下，悠然见南山”，诸如辛弃疾的“笑我庐，门掩草，径生苔”，都足以说明他们是耐得住寂寞的。纵观古今，很多成功人士都能够耐得住寂寞，所以才会在人生失意之后，最终获得成功。

作为四川省偏僻山区的一名邮政投递员，王顺友凭借着在岗位上数十年如一日的出色表现，于2007年获得“全国劳动模范”的光荣称号。王顺友所在的凉山彝族自治州，人们居住得非常分散，而且因为都住在山区，所以他每个月进行两次投递，每次投递都要往返360公里的路程。在这漫长的路上，只有一匹马与他为伴，走过那坎坷崎岖的漫长山路。

人们常说，一个人难的不是做一件好事，而是一辈子都做好事。对于王顺友而言，也许进行几次这样的投递算不上伟大，但是在二十二年的时间里，他始终进行这份工作，运送邮件的里程达到了二十六万公里。和红军的两万五千里长征相比，王顺友在二十二年的时间里进行了二十一次长征，更相当于绕着地球走了六圈，其间的艰辛可想而知，这不由得让每一个听到他事迹的人都感慨唏嘘。

王顺友的确是能够耐得住寂寞的人，为了排遣寂寞，他在运送邮件的过程中自编自唱很多歌曲。有的时候，他为了方便山区的群众，还会故意绕道而行，给群众的生活带来更多的便利。很多大山里的农副产品卖不出去，他就帮助山里的村民发布消息；大山里的村民无法及时买到生活用品，他就主动帮忙购买，为此甚至还要多出力、搭钱呢！即便如此，在二十二年的时间里，王顺友风雨无阻地把每一封邮件都送到人们的手里，所以说他得到“全国劳动模范”的光荣称号是完全有资格的。

在寂寞的山间道路上，王顺友始终默默无闻地坚持着，如果绕着地球走，他能走六圈，如果像红军当年一样进行两万五千里长征，他能进行二十一次长征。这个数字使每一个听到的人都会对王顺友佩服得五体投地，我们的社会也正是因为有了他们的默默付出，才最终变得更加美好。朋友们，你们可曾潜心做一件事情呢？在这个日益喧嚣的社会，我们更该静心、潜心，才能有所成就。

人生在世，尤其是生活在现代社会，要想耐得住寂寞，首先，我们要能控制自己的欲望。随着物质社会的发展，我们几乎每天都要受到很多诱惑。在这种情况下，我们必须控制自己的欲望，才能在物质的诱惑面前保持淡定从容。其次，寂寞和人的很多情绪一样都是合理存在的，寂寞的感觉也是人的正常感受，我们无须与寂寞对抗，而是要与寂寞和谐共处。我们唯有真正战胜寂寞，才能帮助自己战胜自己，突破寂寞给的囚牢。最后，即便我们能够耐得住寂寞，也要注意人生经不起一味消极的等待。任何情况下，我们都要积极主动地投入人生，才能拥有更多的机会，才能实现自己人生的精彩。由此可见，所谓耐得住寂寞不是被动地接受，而是积极主动地接纳寂寞，也成功圆满地改变人生。

参考文献

[1]老希在路上.生活不会辜负每一个努力的人[M].北京：中国友谊出版公司，2016.

[2]木子玲.我从来不信，这世间会无路可走[M].苏州：古吴轩出版社，2015.

[4]墨陌.只要坚持，梦想总是可以实现的[M].南京：南京出版社，2016.

[5]晏凌羊.愿你有征途，也有退路[M].杭州：浙江大学出版社，2017.